はじめに

自分の苦手なところを知って、その部分を練習してできるようにするというのは学習の基本です。

それは学習だけでなく、運動でも同じです。

自分の苦手なところがわからないと、算数全部が苦手だと思ったり、算数が嫌いだと認識したりしてしまうことがあります。少し練習すればできるようになるのに、ちょっとしたつまずきやかんちがいをそのままにして、算数嫌いになってしまうとすれば、それは残念なことです。

このドリルは、チェックで自分の苦手なところを知り、ホップ、ステップでその苦手なところを回復し、たしかめで自分の回復度、達成度、伸びを実感できるように構成されています。

チェックでまちがった問題も、ホップ・ステップで練習をすれば、たしかめが必ずできるようになり、点数アップと自分の伸びが実感できます。

チェックは、各単元の問題をまんべんなく載せています。問題を解くことで、自分の得意なところ、苦手なところがわかるように構成されています。

ホップ・ステップでは、学習指導要領の指導内容である知識・技能、思考・判断・表現といった資質・能力を伸ばす問題を載せています。計算や図形などの基本的な性質などの理解と計算などを使いこなす力、文章題など筋道を立てて考える力、理由などを説明する力がつきます。

チェックの各問題のあとに ホップ 1 へ! ステップ 1 へ! などと示し、まちがった問題や苦手な問題を補強するための類似問題が、ホップ・ステップのどこにあるのかがわかるようになっています。

さらに、ジャンプは発展的な問題で、算数的な考え方をつける問題を載せています。少しむずかしい問題もありますが、チェック、ホップ、ステップ、たしかめがスラスラできたら、挑戦してください。

また、各学年の学習内容を14単元にまとめていますので、テスト前の復習や短時間での１年間のおさらいにも適しています。

このドリルで、算数の苦手な子は自分の弱点を克服し、得意な子はさらに自信を深めて、わかる喜び、できる楽しさを感じ、算数を好きになってほしいと願っています。

学力の基礎をきたえどの子も伸ばす研究会

★このドリルの使い方★

チェック

まずは自分の実力をチェック！

答え合わせをしてまちがえたら、問題の ホップ 1 へ!、 ステップ 2 へ! といった矢印を確認しましょう。

※おうちの方へ
……低学年の保護者の方は、ぜひいっしょに答え合わせと採点をしてあげてください。
そして、できたこと、できなくてもチャレンジしたことを認めてほめてあげてください。できることも大切ですが、学習への意欲を育てることも大切です。

ホップ と ステップ

チェック で確認したやじるしの問題に取り組みましょう。

まちがえた問題も、これでわかるようになります。

たしかめ

改めて実力をチェック！

ホップ、**ステップ** に取り組んだあなたなら、きっと**チェック** のときよりも点数が伸びているはずです。

ジャンプ

もっとできるあなたにチャレンジ問題。

ぜひ挑戦してみてください。

★ぎゃくてん！算数ドリル　小学6年生　もくじ★

対称な図形

月　　日
名前

1 次の図形で線対称(せんたいしょう)な図形には「線」、点対称な図形には「点」を(　　)に入れましょう。 (5点×4)

① M　② N　③ E　④ Z

(　　)　(　　)　(　　)　(　　)

ホップ 1 へ!

2 アイが対称の軸(じく)になる線対称な図形をかきましょう。 (5点×2)

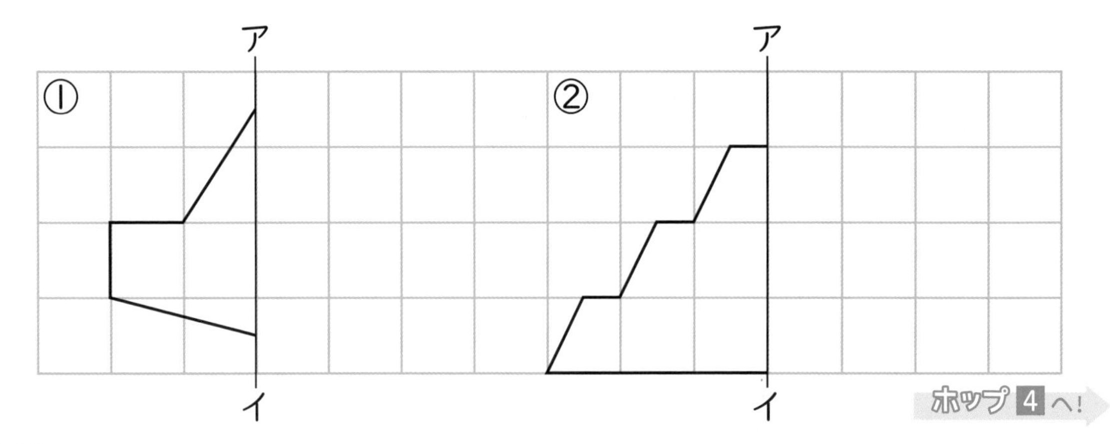

ホップ 4 へ!

3 図はアイを対称の軸とする線対称な図形です。 (5点×3)

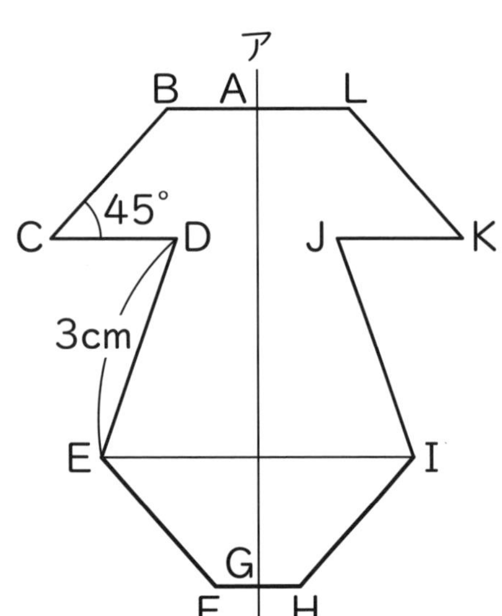

① 直線ＪＩの長さは何 cm ですか。

(　　)

② 角Kは何度ですか。

(　　)

③ 直線ＥＩと対称の軸アイはどのように交わっていますか。

(　　)

ホップ 5 へ!

4 次の図形について答えましょう。 (10点×2)

正三角形 正方形 正五角形

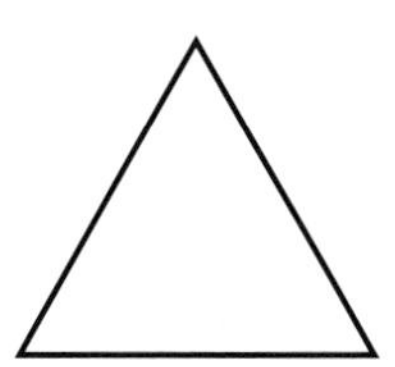

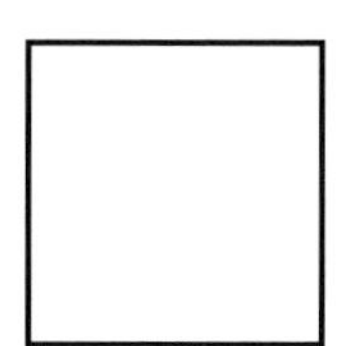

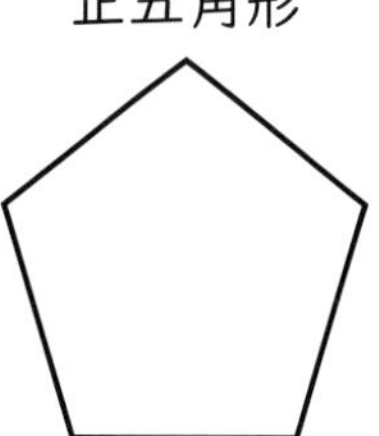

① それぞれの図形に対称の軸をかきましょう。

② 3つの図形の中で点対称な図形はどれですか。（　　　）

ホップ 3 へ!

5 点Oが対称の中心になる点対称な図形をかきましょう。 (10点×2)

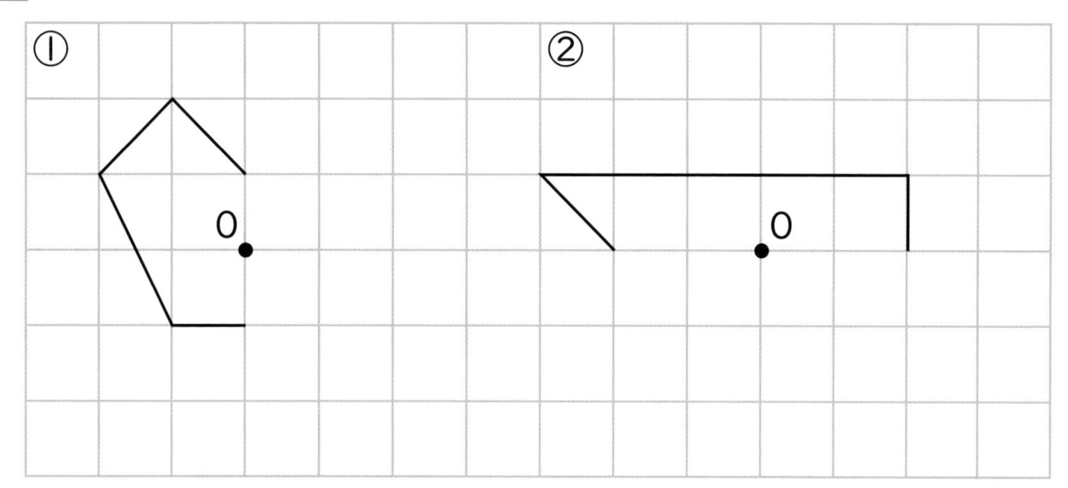

ステップ 4 へ!

6 図を見て答えましょう。 (5点×3)

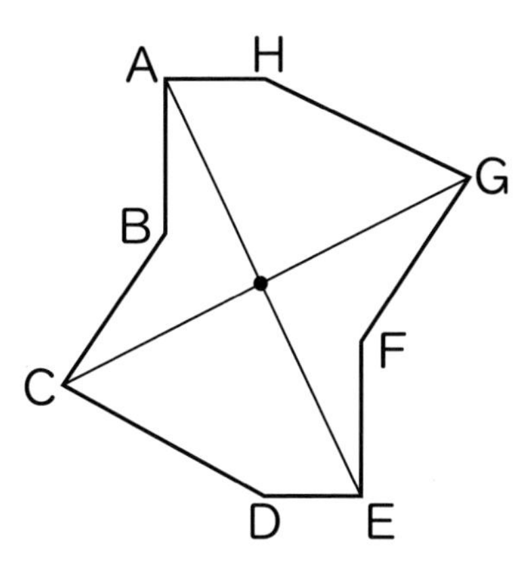

① 対応する点

点A（　　　）　点B（　　　）

② 対応する辺

辺BC（　　　）

ステップ 3 へ!

③ 対応する角

角D（　　　）

ホップ

対称な図形

月　日
名前

1 次の図形で線対称(せんたいしょう)な図形には「線」、点対称な図形には「点」、線対称であり点対称な図形には「◎」、どちらでもない図形には「×」をつけましょう。

① A	② B	③ C	④ D	⑤ E	⑥ F
(　)	(　)	(　)	(　)	(　)	(　)
⑦ G	⑧ H	⑨ I	⑩ J	⑪ K	⑫ L
(　)	(　)	(　)	(　)	(　)	(　)
⑬ M	⑭ N	⑮ O	⑯ P	⑰ Q	⑱ R
(　)	(　)	(　)	(　)	(　)	(　)

2 次の(　)にあてはまる言葉を□の中から選びましょう。

1本の直線を折り目にして2つ折りにしたとき、ぴったりと重なる図形を(①　)な図形といいます。またその折り目にした直線を(②　)といいます。

正三角形の(②　)は(③　)本あります。

正方形は(④　)本、正六角形は(⑤　)本あります。

㋐線対称	㋑点対称	㋒対称の軸(じく)	㋓3	㋔4	㋕5	㋖6

3 次の図形に対称の軸をかきましょう。

① 二等辺三角形 ② 正三角形 ③ 長方形 ④ 正方形

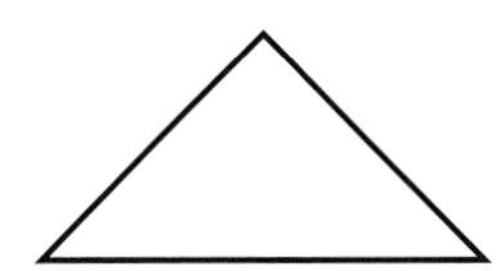

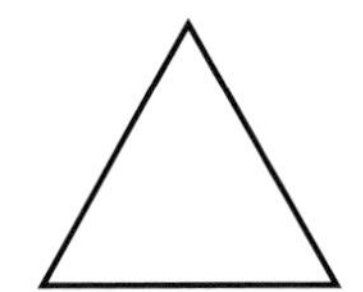

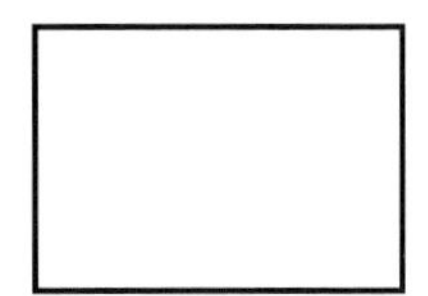

4 アイが対称の軸になる線対称な図形をかきましょう。

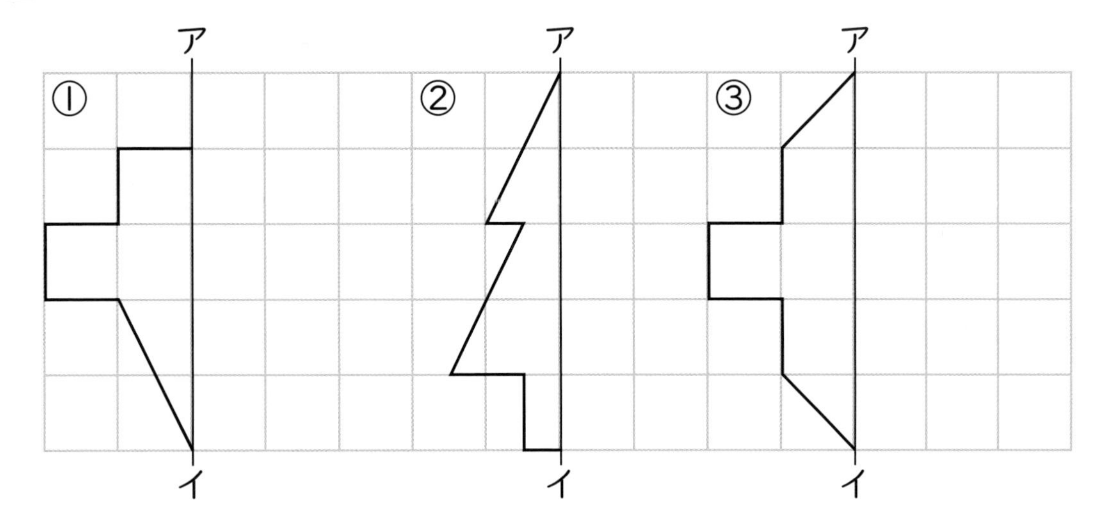

5 図はアイを対称の軸とする線対称な図形です。

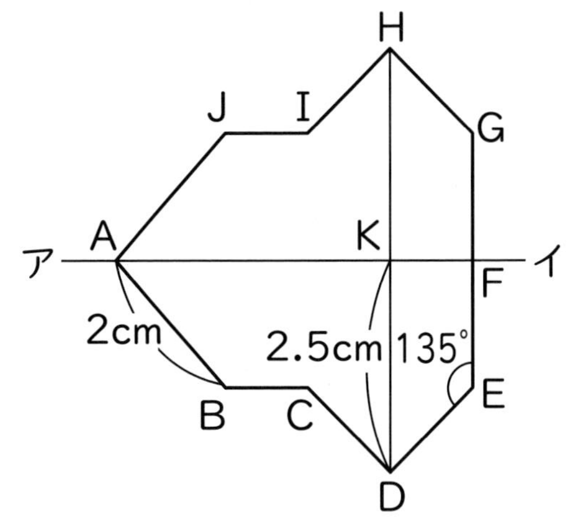

① 辺ＡＪの長さは何 cm ですか。

（　　　）

② 角Ｇは何度ですか。

（　　　）

③ アイと直線ＨＤはどのように交わっていますか。

（　　　）

④ 直線ＨＫの長さは何 cm ですか。

（　　　）

対称な図形

月　日
名前

1 次の（　）にあてはまる言葉を□の中から選びましょう。

1つの点のまわりに（①　　）回転させたとき、もとの図形にぴったり重なる図形を（②　　）な図形といいます。

また、この点を対称の（③　　）といいます。

㋐ 180°	㋑ 360°	㋒線対称（せんたいしょう）	㋓点対称	㋔軸（じく）	㋕中心

2 対称の中心を見つけ・Oとかきましょう。

①

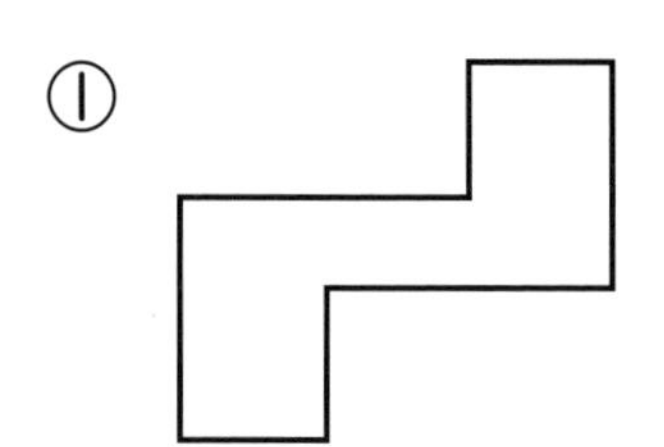

②

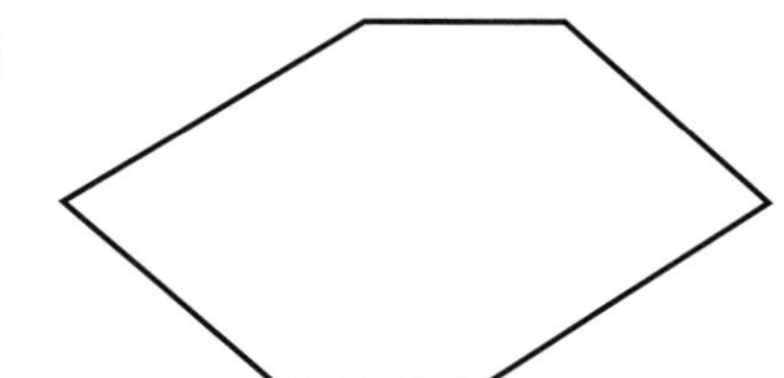

3 図は点対称な図形です。

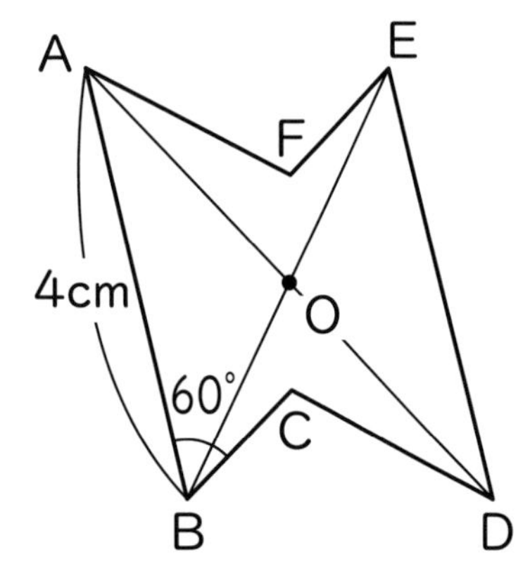

① 辺CDに対応する辺はどれですか。（　　）

② 辺DEの長さは何 cm ですか。（　　）

③ 角Eは何度ですか。（　　）

④ AOと長さが等しいのはどこですか。（　　）

4 点Oが対称の中心になる点対称の図形をかきましょう。

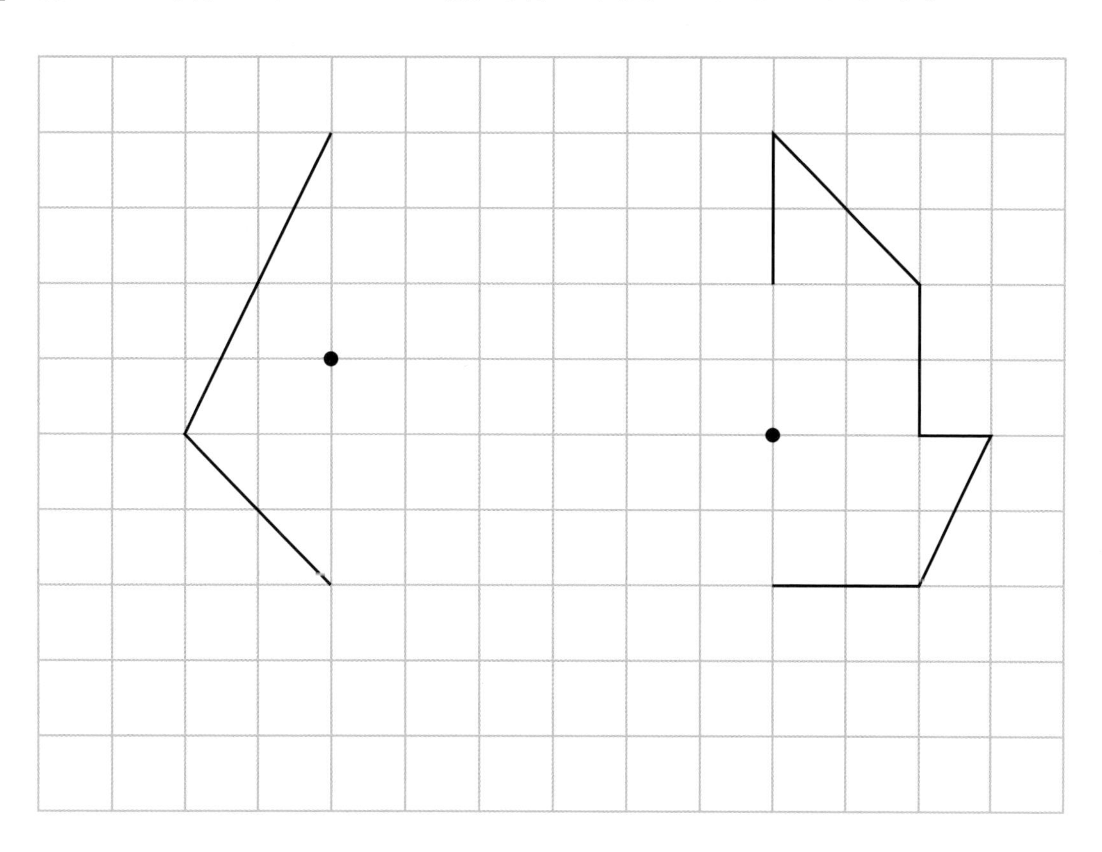

5 平行四辺形、ひし形、台形について答えましょう。

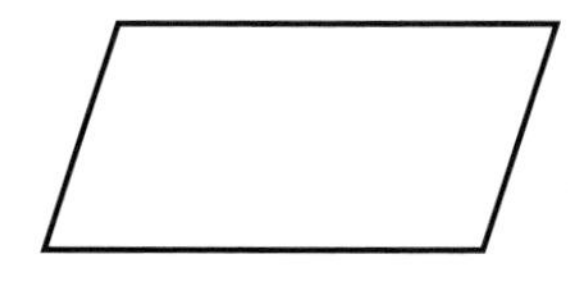

① 線対称の図形はどれですか。

(　　　　　　　　　　)

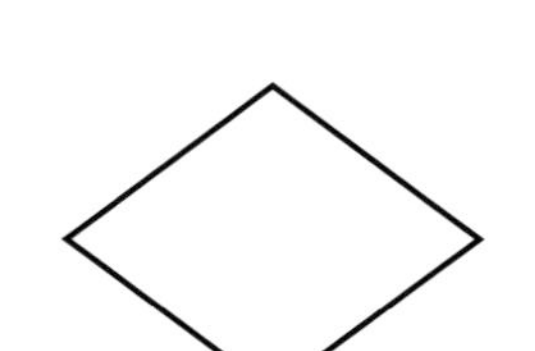

② 点対称の図形はどれですか。

③ 対称の中心をかきましょう。

対称な図形

月　　日
名前

1 次の図形で線対称な図形には「線」、点対称な図形には「点」を（　）に入れましょう。(5点×4)

① 

② W
③ 

④ Z

（　　）（　　）（　　）（　　）

2 アイが対称の軸になる線対称な図形をかきましょう。(5点×2)

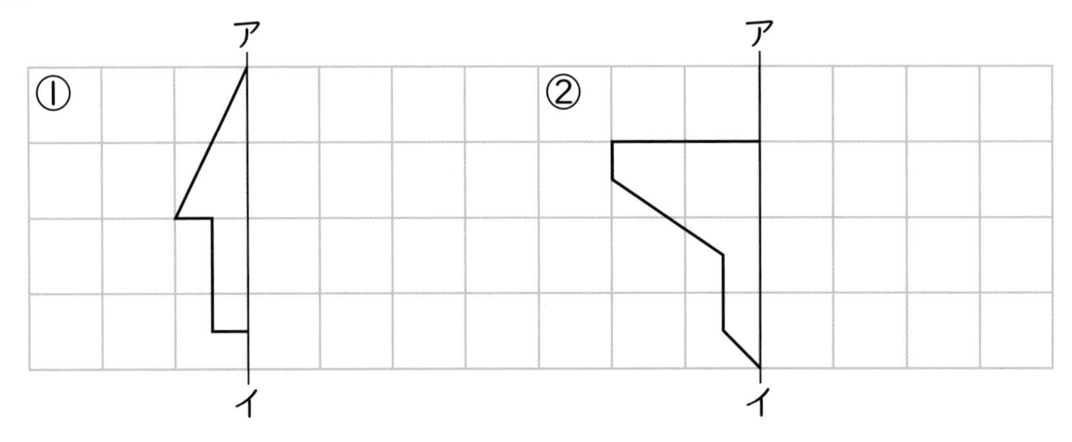

3 図はアイを対称の軸とする線対称な図形です。(5点×3)

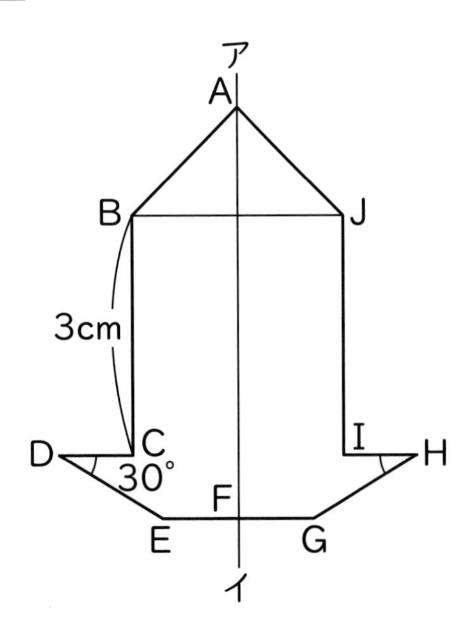

① 直線ＪＩの長さは何cmですか。
（　　）

② 角Ｈは何度ですか。
（　　）

③ 直線ＢＪと対称の軸アイはどのように交わっていますか。
（　　）

4　次の図形について答えましょう。　(10点×2)

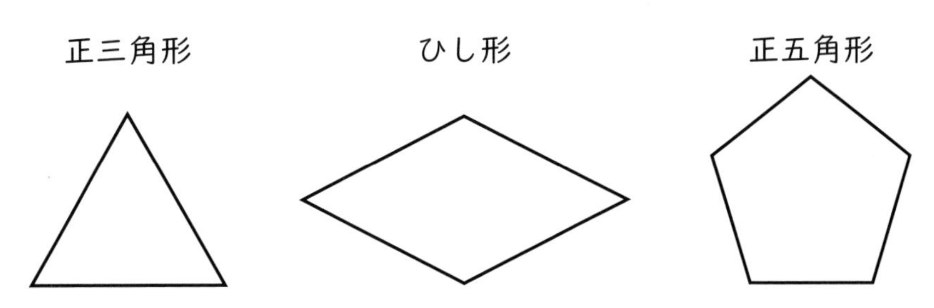

①　それぞれの図形に対称の軸をかきましょう。

②　3つの図形の中で点対称な図形はどれですか。(　　　　)

5　点Oが対称の中心になる点対称な図形をかきましょう。　(10点×2)

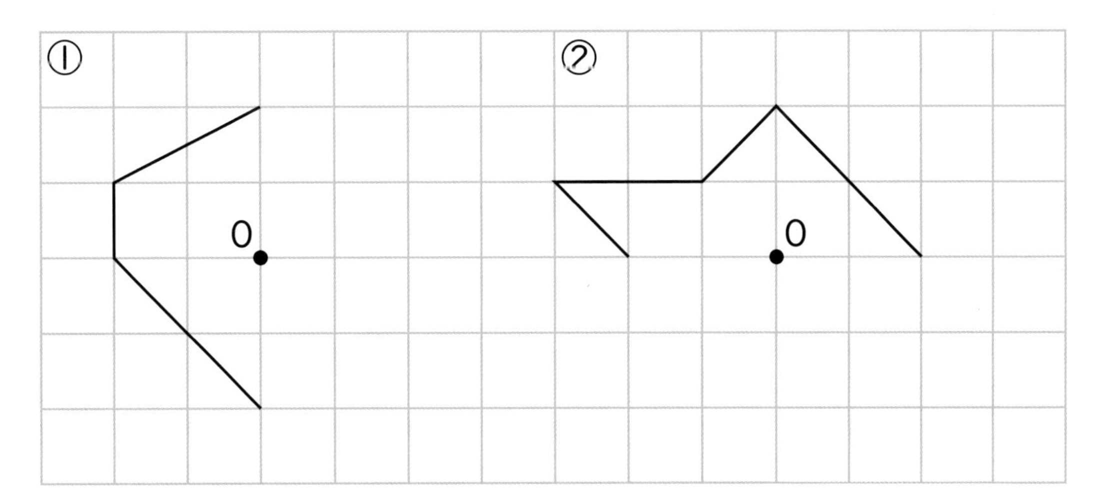

6　下の図を見て答えましょう。　(5点×3)

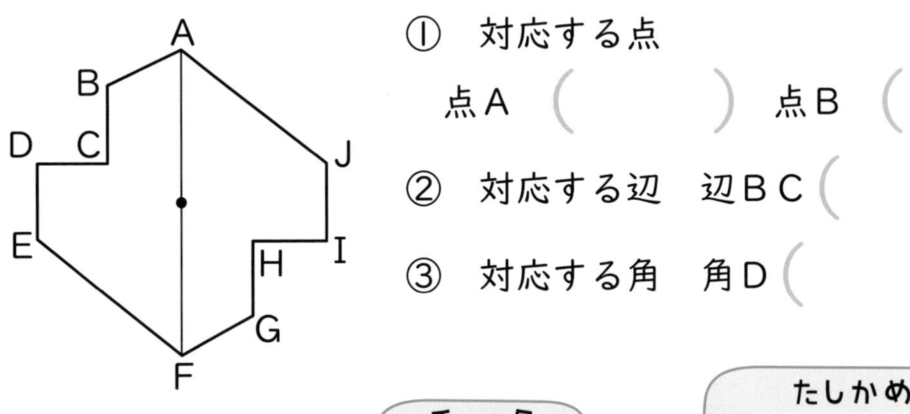

①　対応する点

点A (　　　　)　点B (　　　　)

②　対応する辺　辺BC (　　　　)

③　対応する角　角D (　　　　)

チェック　点

たしかめ　点

チェック

文字と式

月　日
名前

1 x を使った式を書きましょう。 (5点×4)

① 1個 x 円のおかしを5個買った代金が400円でした。

(　　　　　　)

② x mのテープを4人で等分すると1人分は3 mでした。

(　　　　　　)

③ 15人いた公園に x 人来たので全部で25人になりました。

(　　　　　　)

④ 0.8 Lの水とうのお茶を x L飲むと0.2 L残りました。

(　　　　　　)

ホップ 1 へ!

2 1個250円のケーキがあります。 (5点×6)

① このケーキを x 個買ったときの代金を求める式を書きましょう。

(　　　　　　)

② ケーキを3個買ったときの代金を求める式と答えを書きましょう。

式

答え

③ ケーキを5個買ったときの代金を求める式と答えを書きましょう。

式

答え

④ ケーキを x 個買って50円の箱に入れてもらいました。合計の代金を式で表しましょう。

(　　　　　　)

ホップ 2 へ!

3 次の㋐～㋓は、①～④のどの場面にあてはまりますか。（　　）に記号を書きましょう。 (5点×4)

㋐ 15 ＋ x	㋑ 15 － x	㋒ 15 × x	㋓ 15 ÷ x

① （　　　）15円のあめを x 個買った代金。

② （　　　）15人で遊んでいたら x 人加わった合計人数。

③ （　　　）15個のいちごを x 人で等分した1人分。

④ （　　　）15枚(まい)の色紙を x 枚使った残数。

ステップ 2 へ!

4 x を使った式を書いて x を求めましょう。 (10点×2)

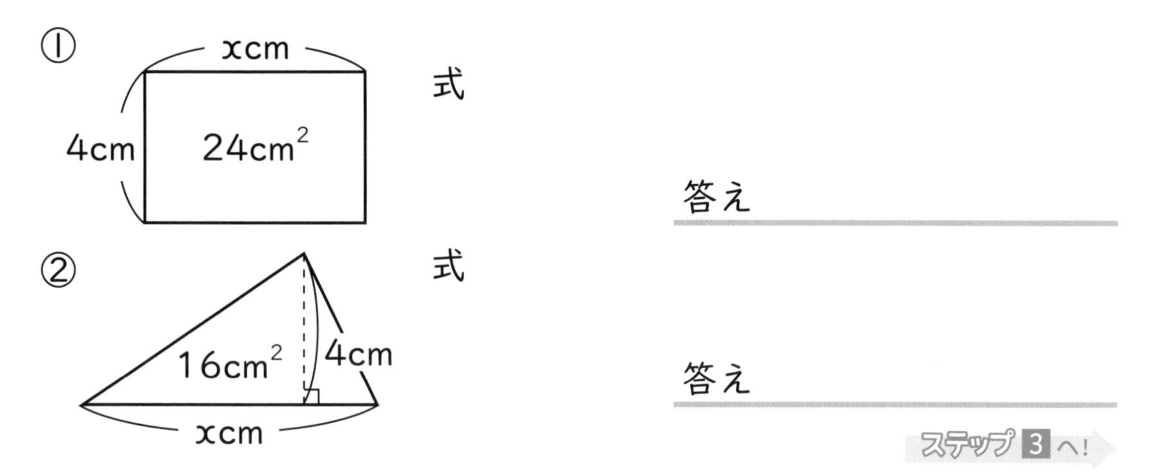

5 正三角形のまわりの長さは18cmです。 (5点×2)

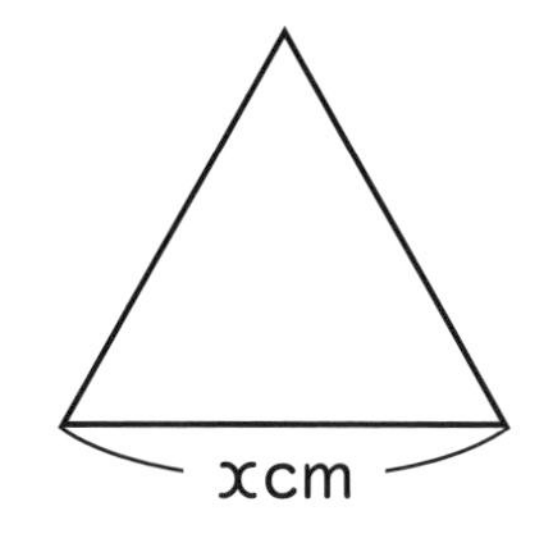

① 1辺の長さを x cmとしてかけ算の式で表しましょう。 （　　　　　　）

② x にあてはまる数を求めましょう。 （　　　　　　）

ステップ 4 へ!

文字と式

月　日
名前

1 x を使った式を書きましょう。

① 50 円のおかしを x 個買った代金。

(　　　　　)

② 100 円のノートと x 円のえんぴつを買った代金。

(　　　　　)

③ 200 ページの本を x ページ読んだ残りのページ数。

(　　　　　)

④ 1 個 x 円のケーキを 5 個買った代金。

(　　　　　)

⑤ 8 人で x 個のいちごを同じ数ずつ分けた 1 人分。

(　　　　　)

⑥ 10 人いた公園に x 人が遊びに来た。公園にいる人数。

(　　　　　)

⑦ 15 個のみかんを x 人で同じ数ずつ分けた 1 人分。

(　　　　　)

⑧ x 枚(まい)の色紙を 8 枚使った残りの枚数。

(　　　　　)

2 1個150円のりんごがあります。

① このりんごを x 個買ったときの代金を求める式を書きましょう。

（　　　　　　　　　　）

② りんごを7個買ったときの代金を求める式と答えを書きましょう。

式

答え ＿＿＿＿＿＿＿＿

③ りんごを x 個買って200円のかごに入れてもらいました。合計の代金は2000円でした。x を使った式で表し、りんごの個数 x を求めましょう。

式

答え ＿＿＿＿＿＿＿＿

3 ある数を3倍して6をひくと90になります。

① ある数を x として式に表しましょう。

（　　　　　　　　　　）

② ある数を求めましょう。

式

答え ＿＿＿＿＿＿＿＿

文字と式

月　　日
名前

1 次の㋐～㋓は、①～④のどの場面にあてはまりますか。（　）に記号を書きましょう。

㋐ $20+x$	㋑ $20-x$	㋒ $20\times x$	㋓ $20\div x$

① （　　） 20 mのリボンを x 人で等分した 1 人分。

② （　　） 20 円のガムを x 個買った代金。

③ （　　） 20 個のふうせんのうち x 個がわれた残数。

④ （　　） 20 円のあめと x 円のジュースを買った代金。

2 次の㋐～㋓は、①～④のどの場面にあてはまりますか。（　）に記号を書きましょう。

㋐ $100+x=y$	㋑ $100-x=y$
㋒ $100\times x=y$	㋓ $100\div x=y$

① （　　） 100 枚（まい）の色紙を x 人で同じ数ずつ分けると 1 人分は y 枚です。

② （　　） 100 円で x 円のおかしを買うと残りのお金は y 円です。

③ （　　） 100 円のパンを x 個買うと代金は y 円です。

④ （　　） きのうまで 100 ページ読んだ本をきょう x ページ読んで合計 y ページ読みました。

3 xを使った式を書いてxを求めましょう。

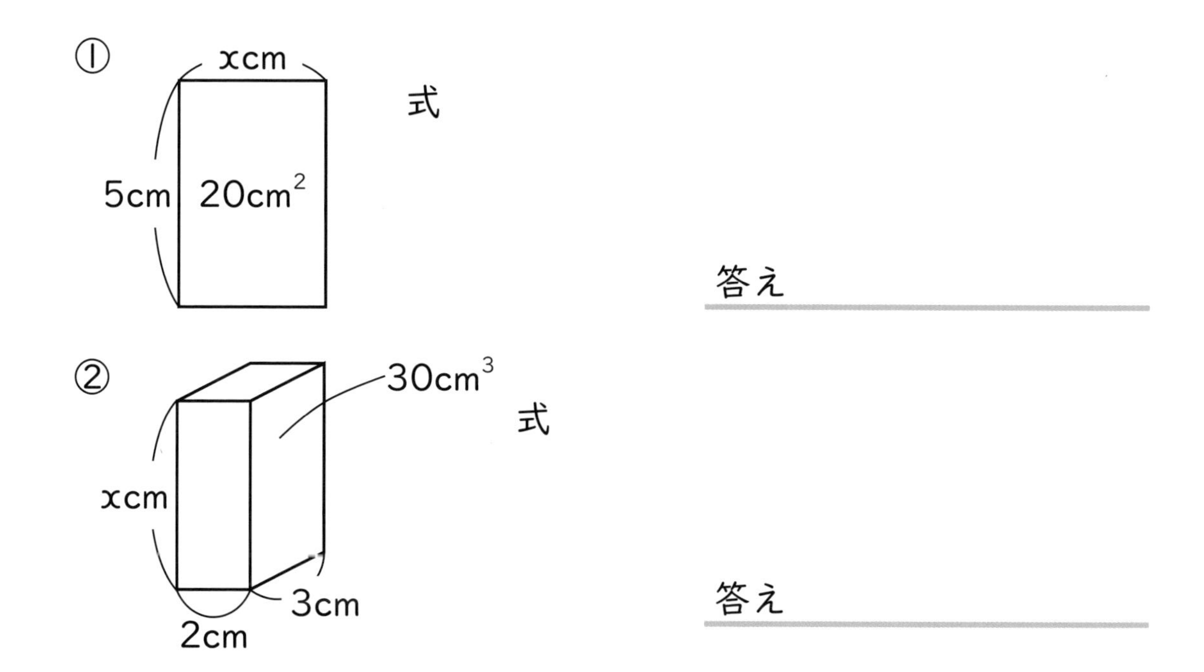

4 正方形の土地のまわりの長さは 60 mです。

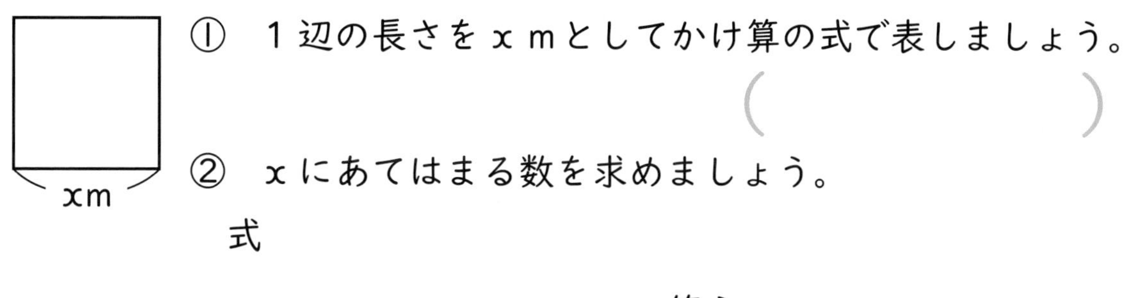

① 1辺の長さをx mとしてかけ算の式で表しましょう。

（　　　　　　）

② xにあてはまる数を求めましょう。

式

答え

5 時速 $x$km で走る車が2時間で 100km 走りました。xを使ったかけ算の式に表し、車の時速を求めましょう。

式

答え

文字と式

月　日
名前

1 x を使った式を書きましょう。 (5点×4)

① 1個 x 円のおかしを8個買った代金が480円でした。

(　　　　　　　　　)

② x mのリボンを5人で等分すると1人分は2mでした。

(　　　　　　　　　)

③ 10人いた公園に x 人来たので全部で18人になりました。

(　　　　　　　　　)

④ 1Lのペッボトルのお茶を x L飲むと0.3L残りました。

(　　　　　　　　　)

2 1個200円のケーキがあります。 (5点×6)

① このケーキを x 個買ったときの代金を求める式を書きましょう。

(　　　　　　　　　)

② ケーキを4個買ったときの代金を求める式と答えを書きましょう。

式

答え ＿＿＿＿＿＿＿＿

③ ケーキを6個買ったときの代金を求める式と答えを書きましょう。

式

答え ＿＿＿＿＿＿＿＿

④ ケーキを x 個買って50円の箱に入れてもらいました。合計の代金を式で表しましょう。

(　　　　　　　　　)

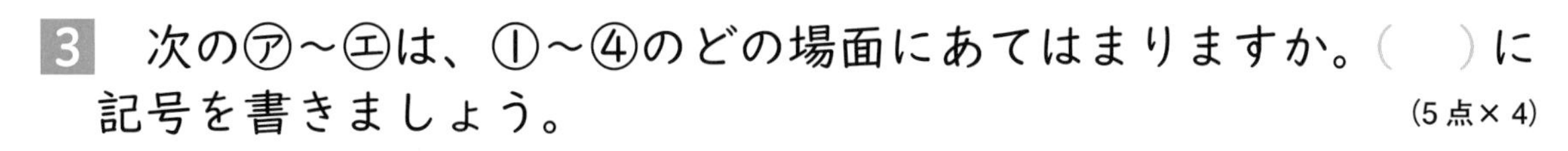

3 次の㋐～㋓は、①～④のどの場面にあてはまりますか。(　　)に記号を書きましょう。 (5点×4)

㋐ $10+x$	㋑ $10-x$	㋒ $10\times x$	㋓ $10\div x$

① (　　) 1個10円のあめを x 個買った代金。

② (　　) 10人で遊んでいて x 人帰った残りの人数。

③ (　　) 10個のあめを x 人で等分した1人分。

④ (　　) 10枚(まい)の色紙を持っていて x 枚もらった合計の枚数。

4 x を使った式を書いて x を求めましょう。 (10点×2)

①

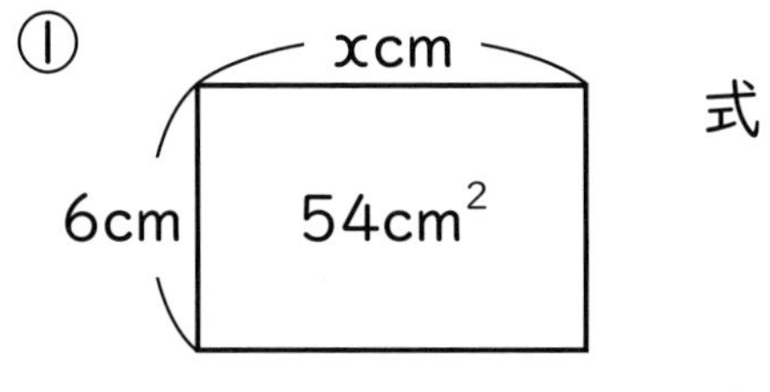

式

答え

②

18cm²
6cm
xcm

式

答え

5 正三角形のまわりの長さは24cmです。 (5点×2)

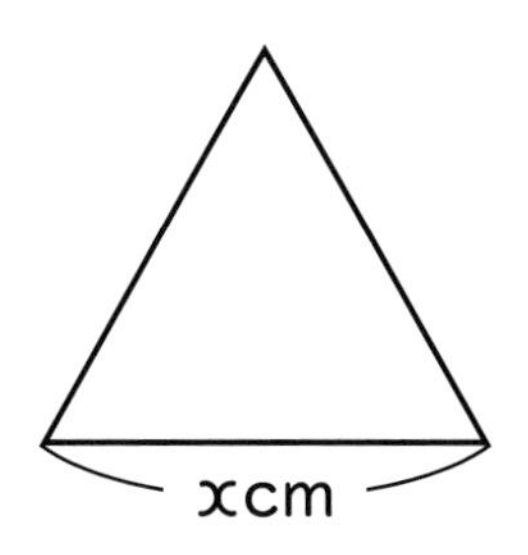

① 1辺の長さを x cmとしてかけ算の式で表しましょう。 (　　　　)

② x にあてはまる数を求めましょう。 (　　　　)

分数のかけ算・わり算

月　日
名前

1 次の計算をしましょう。 (5点×4)

① $7 \times \frac{5}{6}$

② $\frac{2}{3} \times 6$

③ $\frac{5}{9} \times \frac{3}{7}$

④ $1\frac{3}{7} \times 2\frac{2}{5}$

ホップ 1 へ!

2 次の計算をしましょう。 (5点×4)

① $4 \div \frac{3}{5}$

② $\frac{3}{4} \div 6$

③ $\frac{3}{8} \div \frac{11}{12}$

④ $2\frac{2}{5} \div 1\frac{1}{15}$

ステップ 1 へ!

3 積や商が5より小さくなる式を選びましょう。 (5点×2)

㋐ $5 \times \frac{5}{4}$　㋑ $5 \div \frac{5}{4}$　㋒ $5 \times \frac{2}{3}$　㋓ $5 \div \frac{2}{3}$

(　　　　　　)

ホップ 3 ステップ 3 へ!

4 次の数の逆数を書きましょう。 (5点×2)

① $\frac{4}{7}$ (　　　　)　　② 3 (　　　　)

ホップ 2 へ!

5 次の小数を分数で表しましょう。(最も簡単(かんたん)な分数にしましょう) (5点×2)

① 0.34 (　　　　)　　② 1.25 (　　　　)

ステップ 2 へ!

6 $1m^2$ あたり $\frac{2}{5}$ kg の肥料をまきます。面積が $2\frac{5}{6}$ m^2 の畑には何 kg の肥料がいりますか。 (5点×2)

式

答え

ホップ 4 5 6 へ!

7 $\frac{7}{8}$ dL のペンキで $\frac{8}{9}$ m^2 のかべをぬれました。このペンキ 1dL では何 m^2 のかべをぬれますか。 (5点×2)

式

答え

ステップ 4 5 6 へ!

8 1 mの重さが $2\frac{3}{4}$ kg の鉄の棒(ぼう)があります。この棒 $\frac{5}{6}$ mの重さは何 kg ですか。 (5点×2)

式

答え

ホップ 4 5 6 へ!

ホップ

分数のかけ算・わり算

月　日

名前

1 次の計算をしましょう。

① $\frac{3}{7} \times 4$

② $4 \times \frac{1}{5}$

③ $\frac{9}{10} \times \frac{5}{8}$

④ $\frac{8}{9} \times \frac{1}{4}$

⑤ $\frac{5}{12} \times \frac{4}{15}$

⑥ $\frac{2}{9} \times \frac{3}{8}$

⑦ $1\frac{3}{4} \times 2\frac{6}{7}$

⑧ $3\frac{1}{6} \times 2\frac{2}{5}$

2 次の数の逆数を求めましょう。

① $\frac{3}{8}$

② $\frac{1}{6}$

③ 4

④ 0.9

⑤ 1.3

⑥ 2.7

3 積が８より小さくなる式を選びましょう。

㋐ $8 \times \frac{5}{7}$　　㋑ $8 \times \frac{7}{5}$　　㋒ $8 \times 1\frac{1}{2}$　　㋓ $8 \times \frac{9}{13}$

（　　　　）

4 1dLのペンキで$\frac{3}{4}$$m^2$のかべがぬれます。

このペンキ$2\frac{1}{3}$dLでは何m^2のかべがぬれますか。

式

答え

5 1 Lの重さが900gの油があります。この油$\frac{5}{6}$Lの重さは何gですか。

式

答え

6 1m^2あたり$\frac{5}{12}$Lの水をまきます。$3\frac{1}{5}$$m^2$の畑では何Lの水がいりますか。

式

答え

ステップ

分数のかけ算・わり算

月　　日
名前

1 次の計算をしましょう。

① $\frac{3}{4} \div 5$

② $3 \div \frac{6}{11}$

③ $\frac{2}{3} \div \frac{4}{7}$

④ $\frac{7}{8} \div \frac{5}{6}$

⑤ $\frac{6}{15} \div \frac{2}{5}$

⑥ $\frac{3}{8} \div \frac{9}{14}$

⑦ $1\frac{3}{5} \div \frac{4}{15}$

⑧ $2\frac{6}{7} \div 1\frac{1}{14}$

2 次の小数を分数にしましょう。

① 0.9

② 0.73

③ 1.1

④ 2.6

⑤ 2.16

⑥ 3.03

3 商が8より小さくなる式を選びましょう。

㋐ $8 \div \frac{4}{5}$　　㋑ $8 \div \frac{7}{5}$　　㋒ $8 \div 1\frac{2}{5}$　　㋓ $8 \div \frac{3}{5}$

（　　　　　　）

4 $\frac{3}{8}$ m^2 の板を $\frac{4}{5}$ dL のペンキでぬれました。

このペンキ1dLでは板を何m^{2}ぬれますか。

式

答え ＿＿＿＿＿＿＿＿

5 $\frac{6}{7}$ dL のペンキで $\frac{4}{9}$ m^2 の板をぬれました。

このペンキ1dLでは板を何 m^2 ぬれますか。

式

答え ＿＿＿＿＿＿＿＿

6 $\frac{2}{3}$ mの重さが $\frac{3}{4}$ kg の鉄の棒（ぼう）があります。

① この鉄の棒1mの重さを求める式を書きましょう。

（　　　　　　）

② この鉄の棒1kgの長さを求める式を書きましょう。

（　　　　　　）

分数のかけ算・わり算

月　日

名前

1 次の計算をしましょう。 (5点×4)

① $5 \times \frac{7}{8}$

② $\frac{1}{3} \times 9$

③ $\frac{3}{8} \times \frac{6}{7}$

④ $2\frac{1}{7} \times 1\frac{2}{5}$

2 次の計算をしましょう。 (5点×4)

① $3 \div \frac{2}{5}$

② $\frac{2}{9} \div 4$

③ $\frac{5}{6} \div \frac{5}{9}$

④ $3\frac{1}{3} \div 1\frac{1}{4}$

3 積や商が5より小さくなる式を選びましょう。 (5点×2)

㋐ $5 \times \frac{4}{5}$　㋑ $5 \div \frac{4}{5}$　㋒ $5 \times \frac{3}{2}$　㋓ $5 \div \frac{3}{2}$

(　　　　)

4 次の数の逆数を書きましょう。 (5点×2)

① $\frac{8}{5}$ (　　　)　　② 5 (　　　)

5 次の小数を分数で表しましょう。(最も簡単(かんたん)な分数にしましょう) (5点×2)

① 0.15 (　　　)　　② 2.4 (　　　)

6 1m^2 あたり $\frac{3}{7}$ kg の肥料をまきます。面積が $1\frac{1}{6}$ m^2 の畑には何 kg の肥料がいりますか。 (5点×2)

式

答え

7 $\frac{7}{9}$ dL のペンキで $\frac{7}{8}$ m^2 のかべをぬれました。このペンキ 1dL では何 m^2 のかべをぬれますか。 (5点×2)

式

答え

8 1 mの重さが $2\frac{4}{5}$ kg の鉄の棒(ぼう)があります。この棒 $\frac{5}{7}$ mの重さは何 kg ですか。 (5点×2)

式

答え

チェック　点 → たしかめ　点

比

月　日

名前

1 比の値を求めましょう。 (5点×4)

① 4：5　② 6：3

③ 7：21　④ 16：24

ホップ 1 へ!

2 3：2に等しい比を下から選びましょう。 (5点×2)

㋐ 9：6　㋑ 12：10　㋒ $\frac{1}{2}$：$\frac{1}{3}$　㋓ 1.5：1.2

(　　　　)

ホップ 2 3 へ!

3 □にあてはまる数を書きましょう。 (5点×4)

① 6：4 = □：2　② 3：0.5 = □：3

③ 20：45 = 4：□　④ 1.2：4.8 = 2：□

ホップ 4 へ!

4 次の比を簡単(かんたん)にしましょう。 (5点×4)

① 35：45　② 80：120

③ 2.4：1.6　④ $\frac{3}{4}$：$\frac{5}{6}$

ホップ 5 へ!

5 縦(たて)と横の比が３：４の長方形の花だんをつくります。縦の長さを９ｍとすると横の長さは何ｍですか。 (5点×2)

式

答え

ステップ 1 2 3 へ！

6 公園に44人います。おとなと子どもの人数の比は３：８だそうです。おとなと子どもの人数はそれぞれ何人ですか。 (5点×2)

式

答え

ステップ 4 5 6 へ！

7 どんぐりが48個あります。わたしと妹のどんぐりの個数の比が５：３になるように分けます。わたしと妹のどんぐりの数はそれぞれ何個ですか。 (5点×2)

式

答え

ステップ 4 5 6 へ！

ホップ

比

月　日
名前

1 比の値を求めましょう。（比の値は最も簡単（かんたん）な数で表す）

① 2：3　② 8：7

③ 12：20　④ 36：24

⑤ 9：3　⑥ 12：4

⑦ 0.3：0.5　⑧ 0.4：2

⑨ $\frac{3}{7}:\frac{4}{7}$　⑩ $\frac{1}{2}:\frac{1}{3}$

2 等しい比を線で結びましょう。

① 3：2 ●	● 16：10
② 8：5 ●	● 12：9
③ 4：3 ●	● 15：10
④ 6：5 ●	● 15：9
⑤ 5：3 ●	● 12：10

3 4：5と等しい比を3つ書きましょう。

（　　　）（　　　）（　　　）

4 □にあてはまる数を書きましょう。

① $3:5=6:\square$

② $7:6=35:\square$

③ $2:9=\square:27$

④ $5:8=\square:56$

⑤ $15:6=5:\square$

⑥ $20:25=4:\square$

⑦ $16:48=\square:6$

⑧ $27:45=\square:5$

⑨ $0.2:3=1:\square$

⑩ $5:0.4=\square:2$

⑪ $\frac{3}{5}:\frac{4}{5}=3:\square$

⑫ $\frac{1}{4}:\frac{1}{3}=\square:4$

5 次の比を簡単（かんたん）にしましょう。

① $8:6$

② $9:15$

③ $36:12$

④ $16:64$

⑤ $0.5:0.7$

⑥ $1.2:1.6$

⑦ $0.6:3$

⑧ $4:0.8$

⑨ $\frac{6}{7}:\frac{5}{7}$

⑩ $\frac{4}{11}:\frac{6}{11}$

⑪ $\frac{2}{3}:\frac{1}{2}$

⑫ $\frac{1}{6}:\frac{1}{4}$

できた度

☆☆☆☆☆

比

月　　日

名前

1　弟と妹の持っているお金の比は9：7です。妹の持っているお金は980円です。弟の持っているお金は何円ですか。

式

答え

2　ケーキをつくるのに小麦粉と砂糖(さとう)の比が8：5になるように混ぜます。小麦粉を400g使うとき、砂糖は何g必要ですか。

式

答え

3　当たりくじと、はずれくじを1：30になるように、くじをつくります。

当たりくじを8枚(まい)入れるとき、はずれくじは何枚入れるとよいですか。

式

答え

4　120 枚の色紙をわたしと妹が 5：7 になるように分けます。
わたしと妹の色紙の枚数はそれぞれ何枚ですか。

式

答え ＿＿＿＿＿＿＿＿＿＿

5　ある小学校の 5 年生と 6 年生の人数の比は 11：13 です。
5 年生と 6 年生の合計の人数は 240 人です。
5 年生と 6 年生の人数はそれぞれ何人ですか。

式

答え ＿＿＿＿＿＿＿＿＿＿

6　12 m のロープを 5：3 になるように分けます。
何 m と何 m になりますか。

式

答え ＿＿＿＿＿＿＿＿＿＿

比

月　日
名前

1 比の値を求めましょう。 (5点×4)

① 7：8　　② 9：3

③ 5：20　　④ 18：45

2 4：3に等しい比を下から選びましょう。 (5点×2)

㋐ 10：6　㋑ 24：18　㋒ $\frac{1}{4}$：$\frac{1}{3}$　㋓ 1.2：0.9

(　　　　)

3 □にあてはまる数を書きましょう。 (5点×4)

① 12：8 = □：2　　② 2：0.6 = □：3

③ 15：45 = 5：□　　④ 2.4：3.6 = 6：□

4 次の比を簡単(かんたん)にしましょう。 (5点×4)

① 40：25　　② 90：150

③ 7.2：5.6　　④ $\frac{1}{8}$：$\frac{1}{6}$

5 縦（たて）と横の比が４：５の長方形の学習園をつくります。
縦の長さを８ｍとすると横の長さは何ｍですか。 (5点×2)

式

答え

6 図書館に54人います。
おとなと子どもの人数の比は７：２だそうです。
おとなと子どもの人数はそれぞれ何人ですか。 (5点×2)

式

答え

7 どんぐりが21個あります。わたしと妹のどんぐりの個数の比が３：４になるように分けます。わたしと妹のどんぐりの数はそれぞれ何個ですか。 (5点×2)

式

答え

チェック 点

たしかめ 点

拡大図と縮図

月　　日
名前

1　下の図であの三角形の拡大図(かくだいず)、縮図(しゅくず)になっているものを選びましょう。　(10点×2)

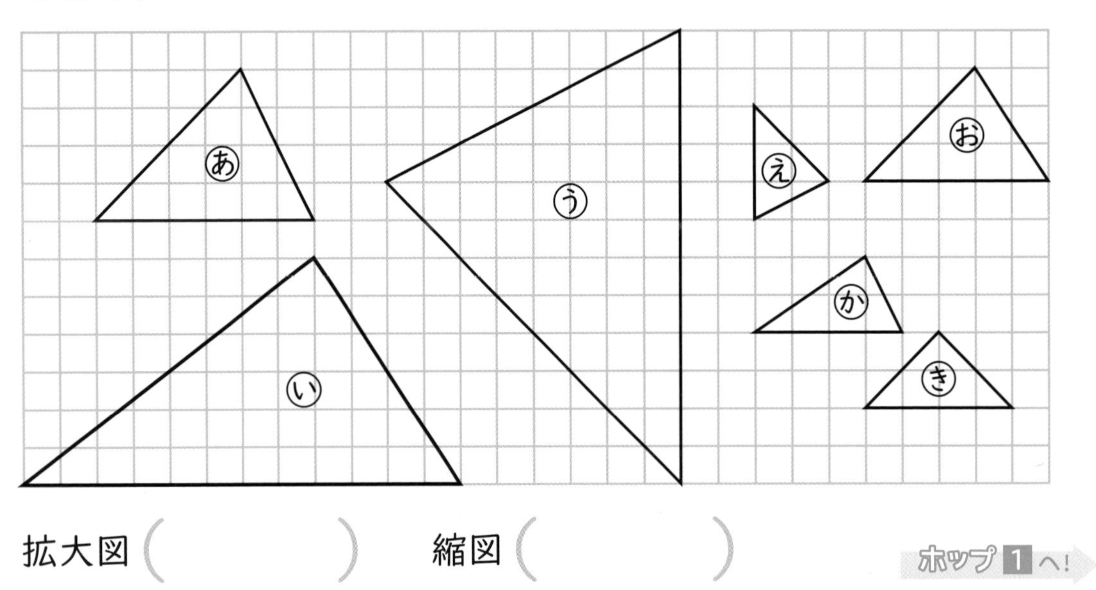

拡大図（　　　　）　縮図（　　　　）

ホップ 1 へ!

2　台形ＥＦＧＨは台形ＡＢＣＤの２倍の拡大図です。　(10点×3)

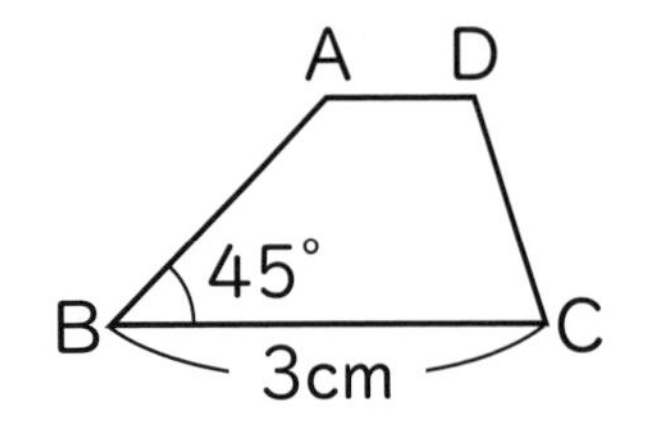

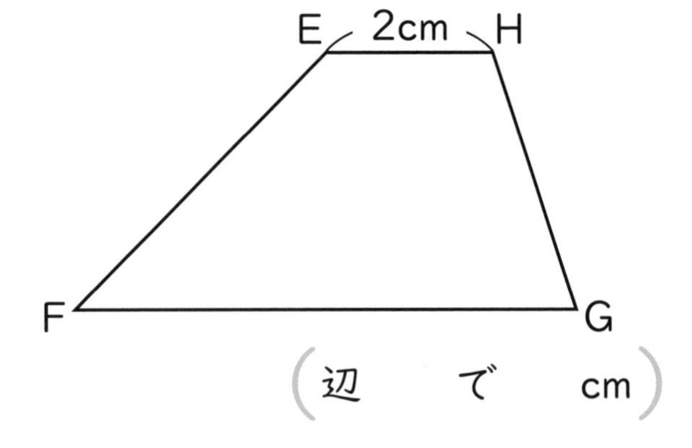

① 辺ＢＣに対応する辺はどこで何cmですか。　（辺　　で　　cm）

② 角Ｂに対応する角はどこで何度ですか。　（角　　で　　度）

③ 辺ＥＨに対応する辺はどこで何cmですか。　（辺　　で　　cm）

ホップ 3 へ!

3 次の図形の２倍の拡大図と $\frac{1}{2}$ の縮図をかきましょう。 (20点)

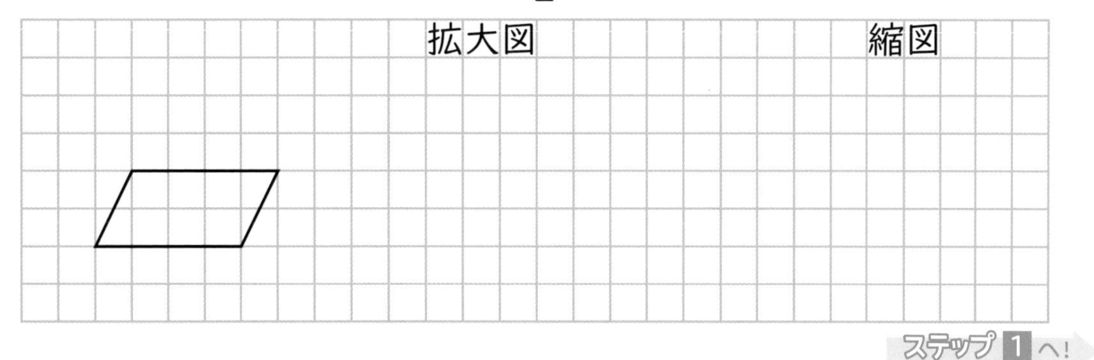

ステップ 1 へ!

4 次の三角形ＡＢＣを頂点(ちょうてん)Ｂを中心として２倍の拡大図と $\frac{1}{2}$ の縮図を書きましょう。 (20点)

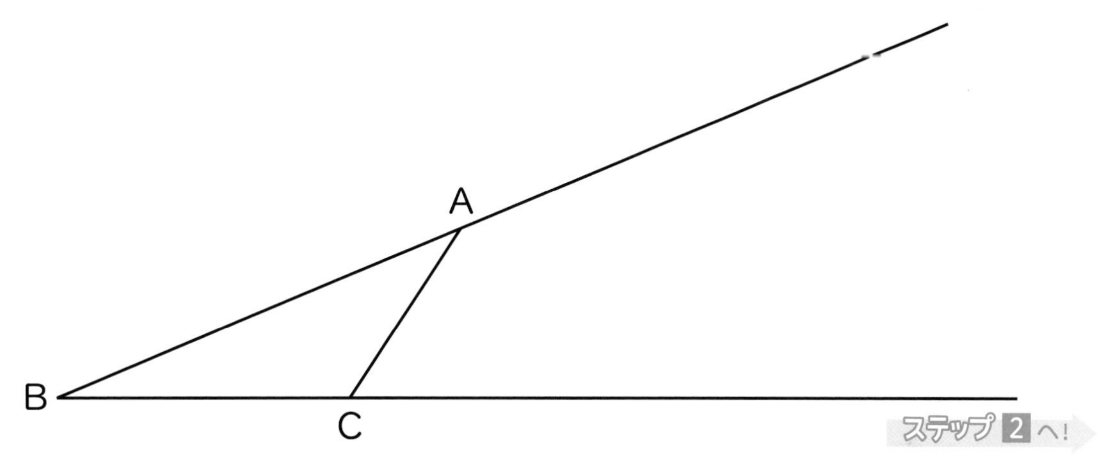

ステップ 2 へ!

5 川はばＡＢの実際の長さは何ｍですか。$\frac{1}{2000}$ の縮図をかいて求めましょう。 (10点)

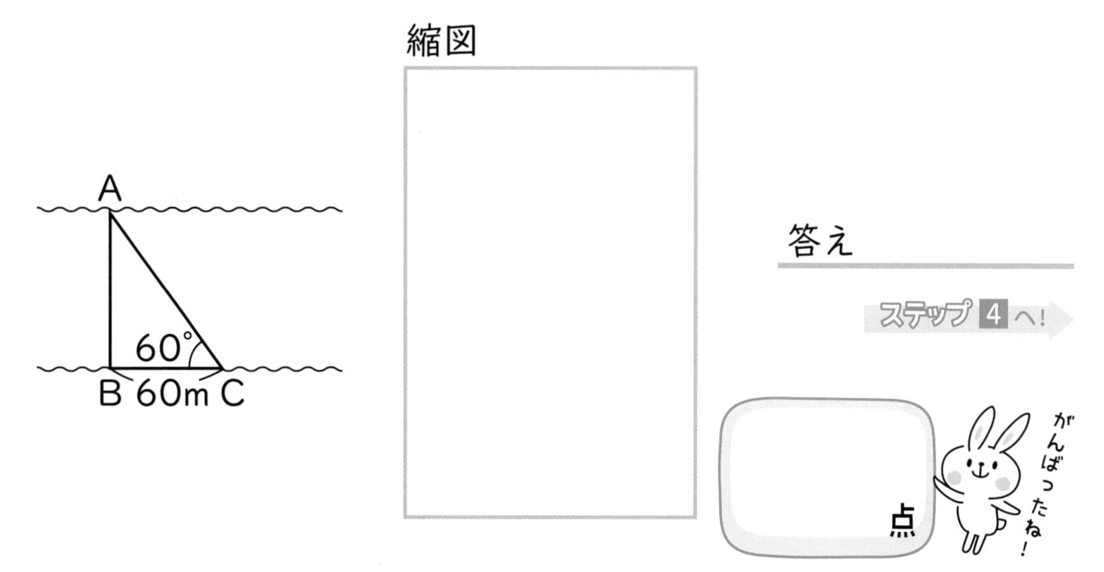

ステップ 4 へ!

拡大図と縮図

月　日
名前

1 下の図で㋐の形の拡大図(かくだいず)、縮図(しゅくず)になっているものを選びましょう。

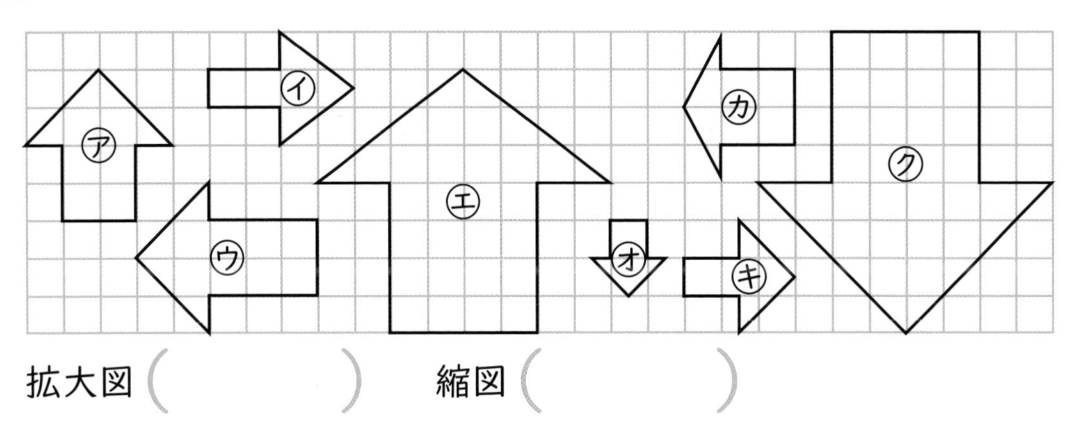

拡大図（　　　　）　縮図（　　　　）

2 下の図形でおたがいが２倍の拡大図、$\frac{1}{2}$の縮図になっているものを選びましょう。

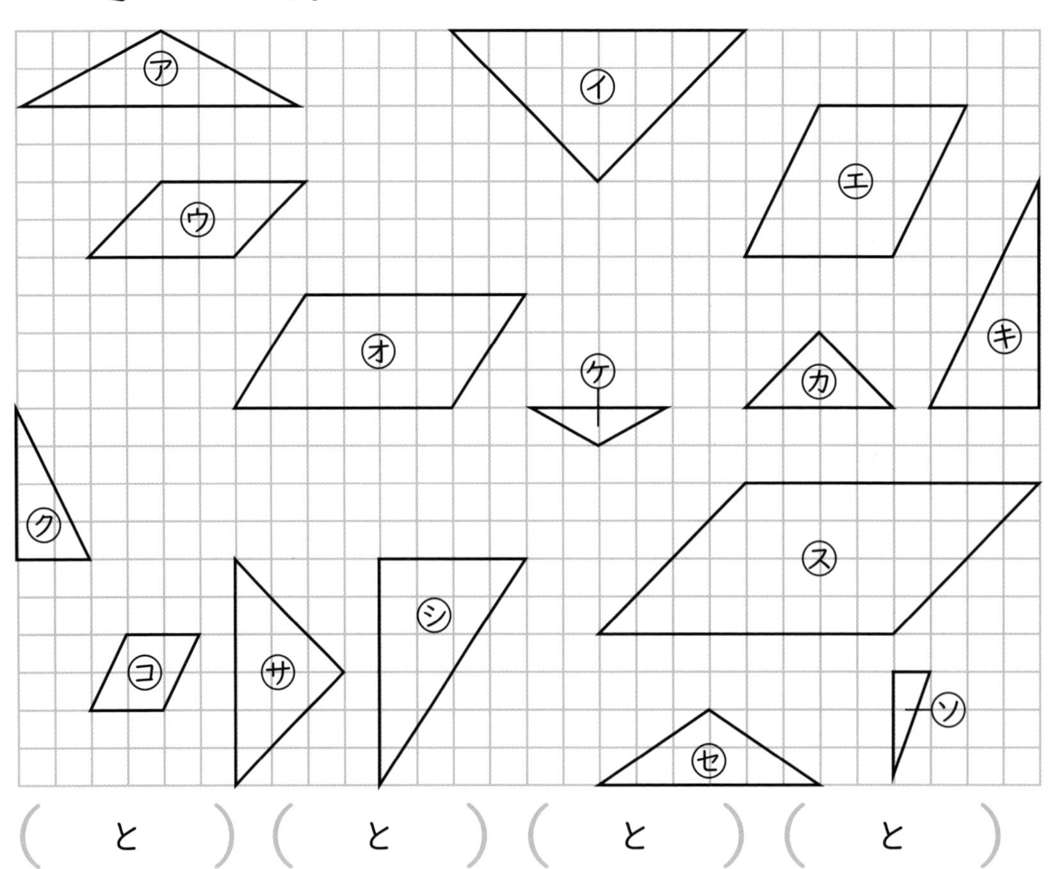

（　と　）（　と　）（　と　）（　と　）

3 四角形ＥＦＧＨは四角形ＡＢＣＤの２倍の拡大図です。

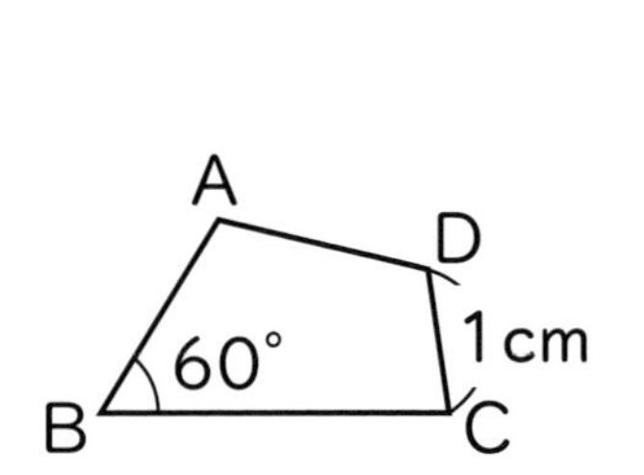

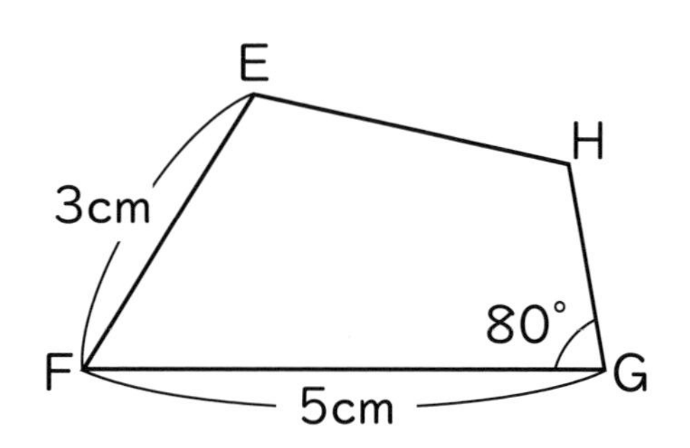

① 辺ＦＧに対応する辺はどこで何 cm ですか。

（辺　　　　）（　　　　）

② 辺ＥＦに対応する辺はどこで何 cm ですか。

（辺　　　　）（　　　　）

③ 辺ＣＤに対応する辺はどこで何 cm ですか。

（辺　　　　）（　　　　）

④ 角Ｂに対応する角はどこで何度ですか。

（角　　　　）（　　　　）

⑤ 角Ｇに対応する角はどこで何度ですか。

（角　　　　）（　　　　）

4 三角形ＡＤＥは三角形ＡＢＣの２倍の拡大図です。辺ＡＥと辺ＤＥの長さを求めましょう。

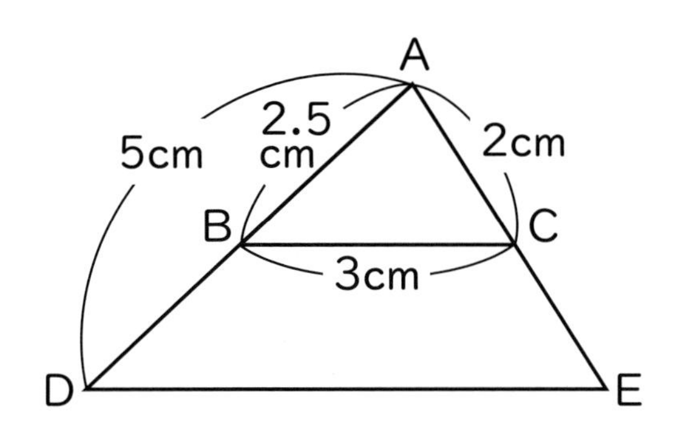

辺ＡＥ＝（　　　　）

辺ＤＥ＝（　　　　）

拡大図と縮図

月　日
名前

1 次の図形の２倍の拡大図と $\frac{1}{2}$ の縮図をかきましょう。

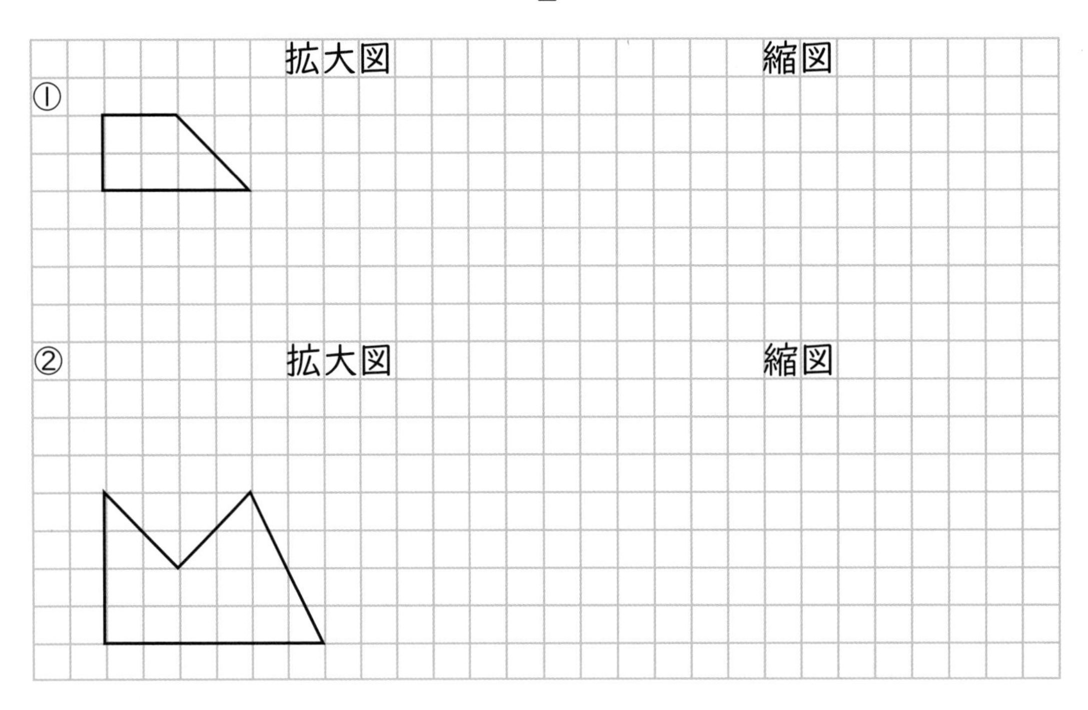

2 次の四角形ＡＢＣＤを頂点Ｂを中心として２倍の拡大図と $\frac{1}{2}$ の縮図をかきましょう。

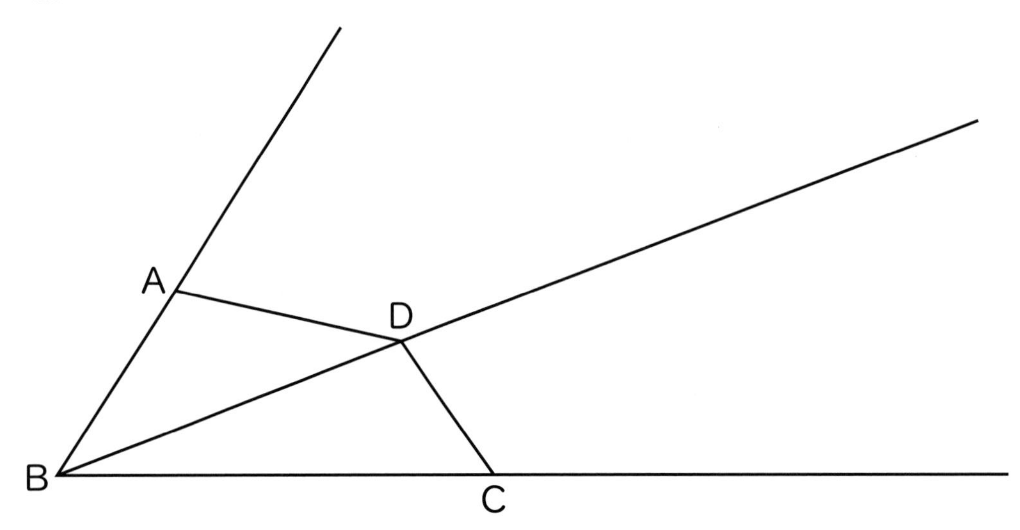

3 次の四角形ＡＢＣＤを点Ｅを中心にして２倍の拡大図と $\frac{1}{2}$ の縮図をかきましょう。

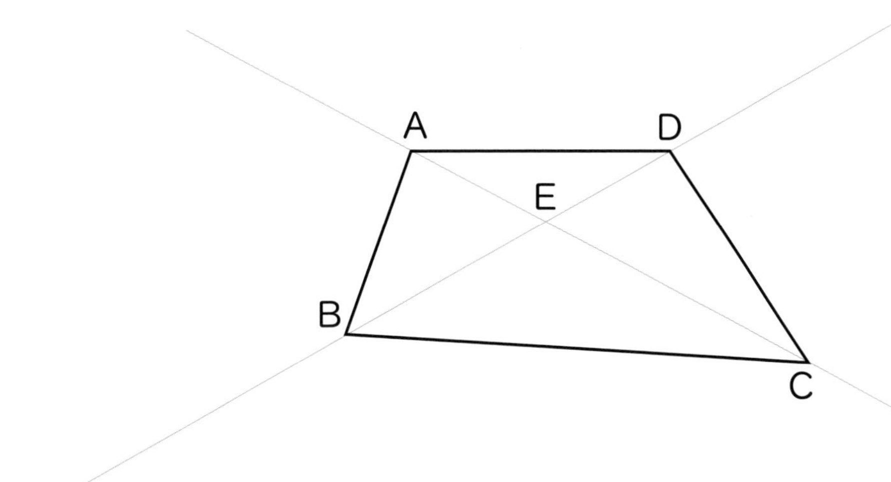

4 図で川はばＡＣの実際の長さは何ｍですか。$\frac{1}{500}$ の縮図をかいて求めましょう。

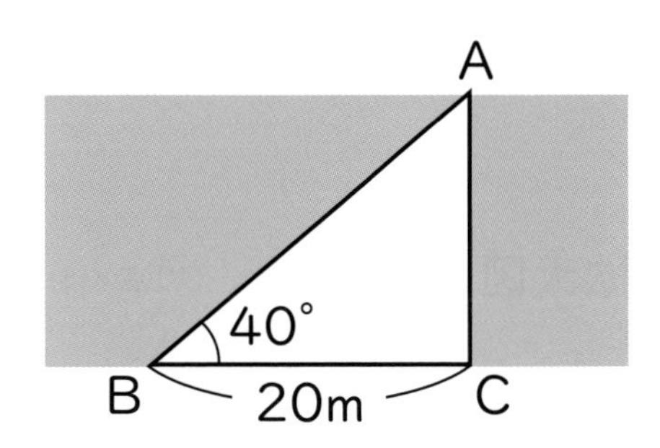

① 20 ｍの $\frac{1}{500}$ は何 cm になりますか。

式

答え

② ①で求めた長さをＢＣとして縮図をかきましょう。

③ 縮図のＡＣの長さを500倍して実際の長さを求めましょう。

式

答え

拡大図と縮図

月　　日
名前

1　Ⓐの四角形の拡大図、縮図になっているものを選びましょう。

(10点×2)

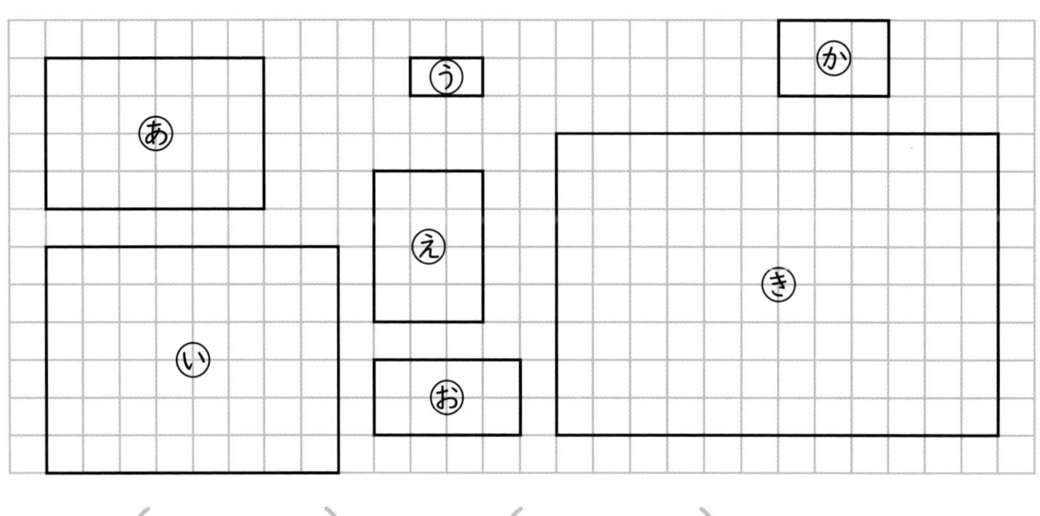

拡大図（　　　　）　縮図（　　　　）

2　台形ＥＦＧＨは台形ＡＢＣＤの２倍の拡大図です。　(10点×3)

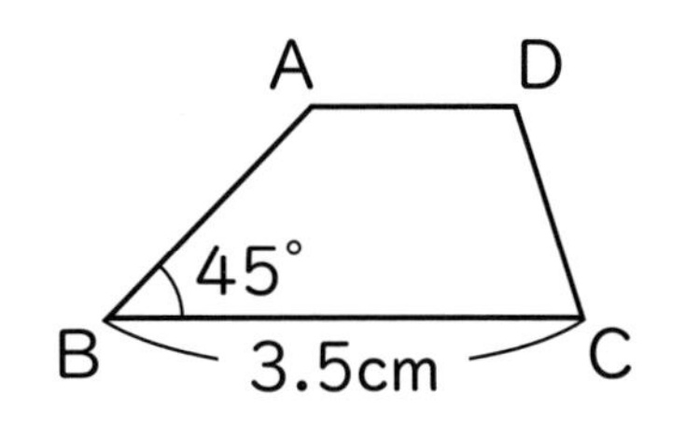

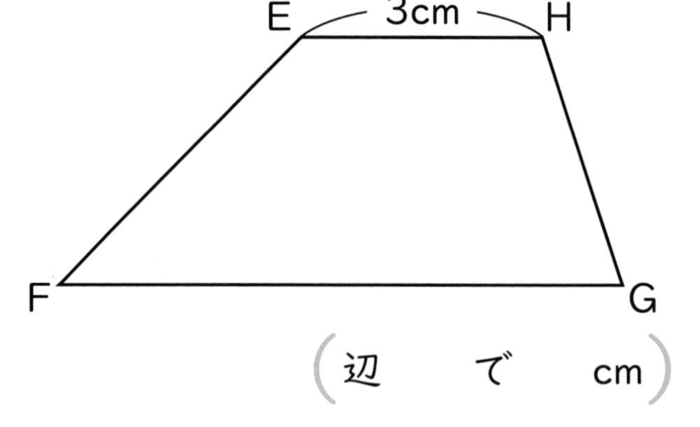

①　辺ＢＣに対応する辺はどこで何cmですか。　（辺　　で　　cm）

②　角Ｂに対応する角はどこで何度ですか。　（角　　で　　度）

③　辺ＥＨに対応する辺はどこで何cmですか。（辺　　で　　cm）

3 次の図形の２倍の拡大図と $\frac{1}{2}$ の縮図をかきましょう。 (20点)

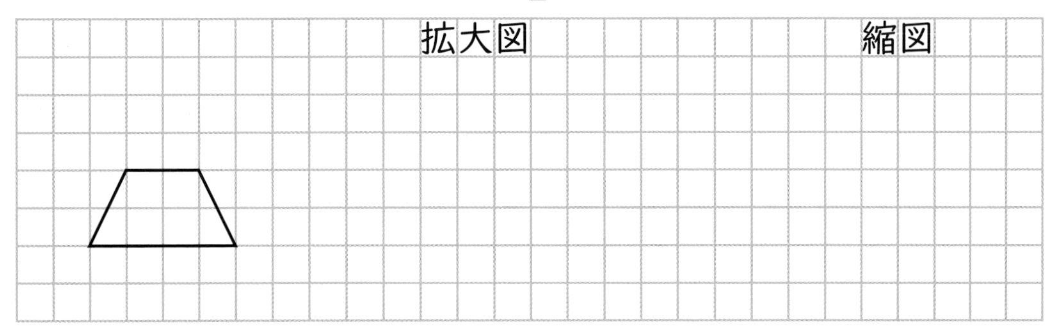

4 次の三角形ＡＢＣを頂点(ちょうてん)Ｂを中心として２倍の拡大図と $\frac{1}{2}$ の縮図をかきましょう。 (20点)

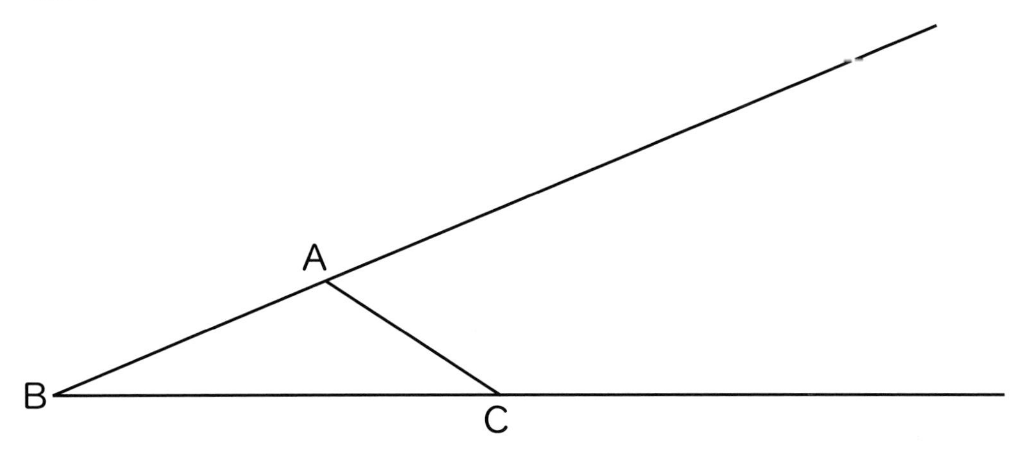

5 川はばＡＢの実際の長さは何ｍですか。 (10点)

$\frac{1}{1000}$ の縮図をかいて求めましょう。

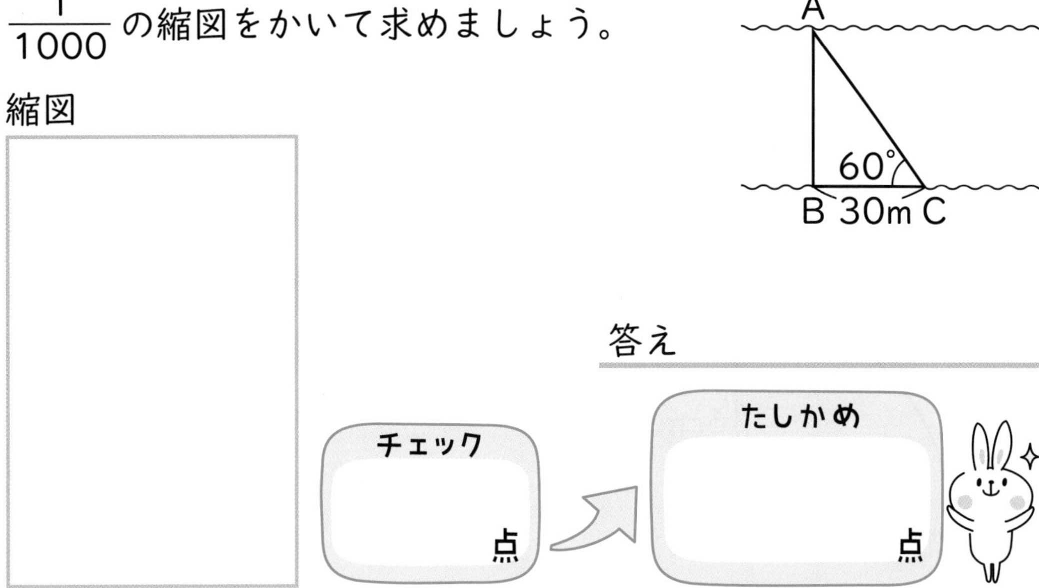

円の面積

月　　日
名前

1　（　）にあてはまる言葉を書きましょう。　(5点×2)

円の面積＝（　　　）×（　　　）×円周率（3.14）

2　次の面積を求めましょう。　(10点×4)

①

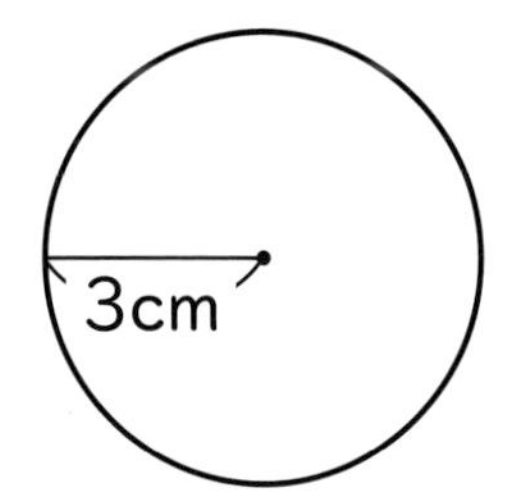

式

答え

②

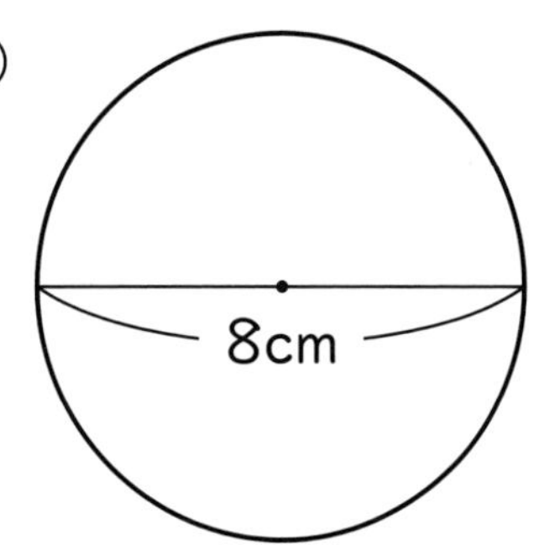

式

答え

③

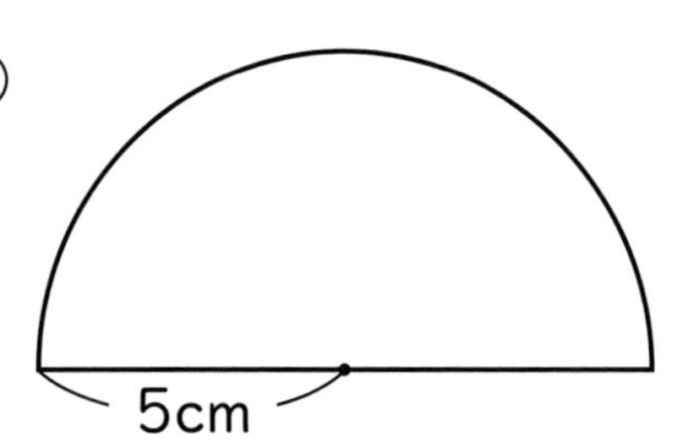

式

答え

④

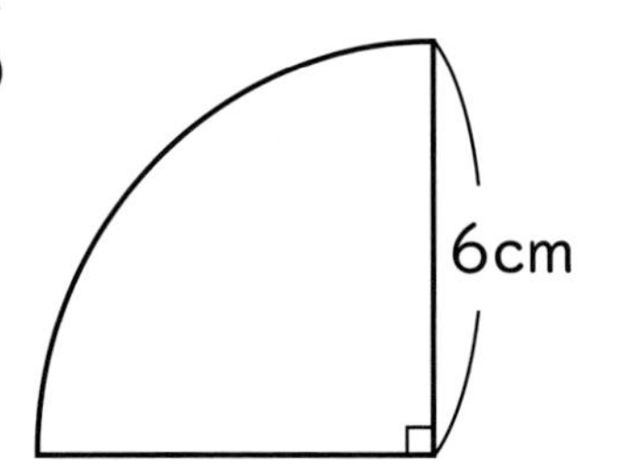

式

答え

ホップ 1 2 へ！

3　▇の部分の面積を求めましょう。　(10点×4)

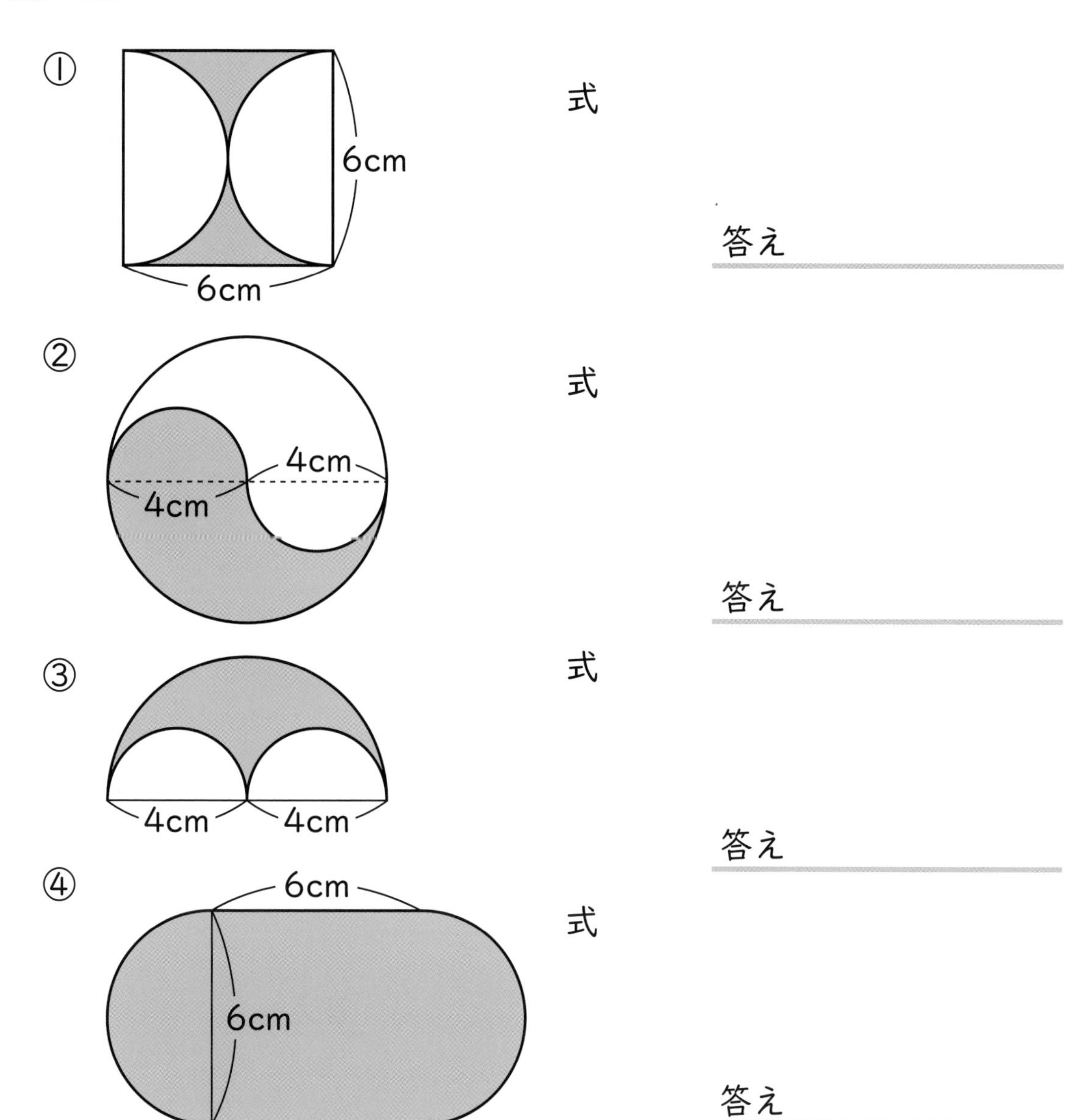

4　円周が 25.12cm の円の面積を求めましょう。　(10点)

式

円の面積

月　　日
名前

1 次の面積を求めましょう。

①

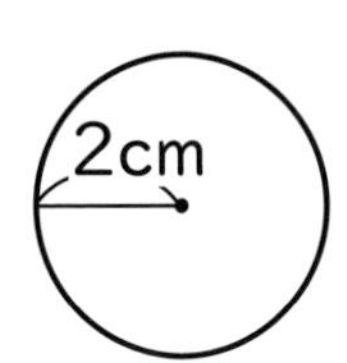

式

答え

②

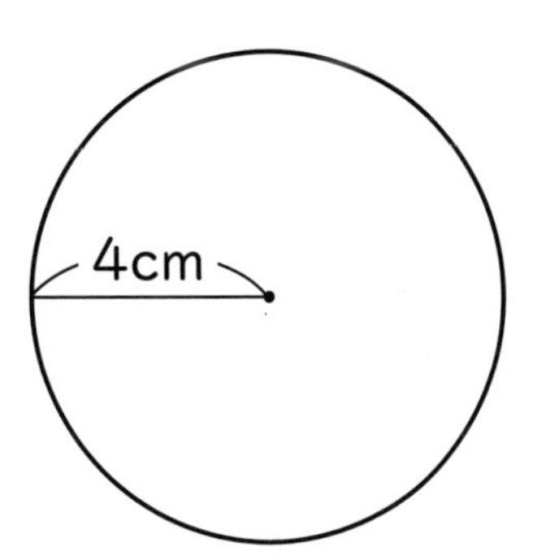

式

答え

③

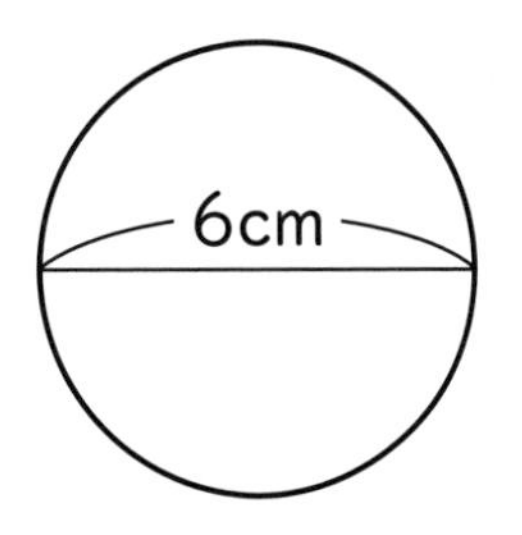

式

答え

④ 半径 10cm の円

式

答え

⑤ 直径 10cm の円

式

答え

2 次の面積を求めましょう。

①

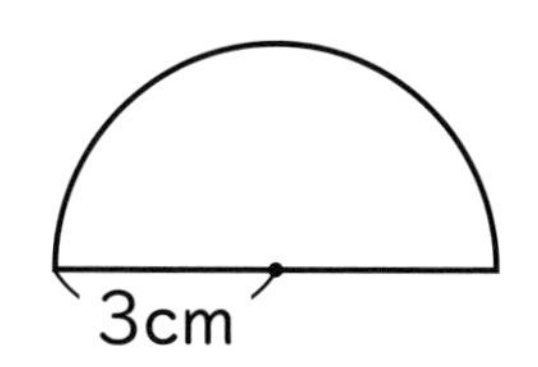

式

答え

②

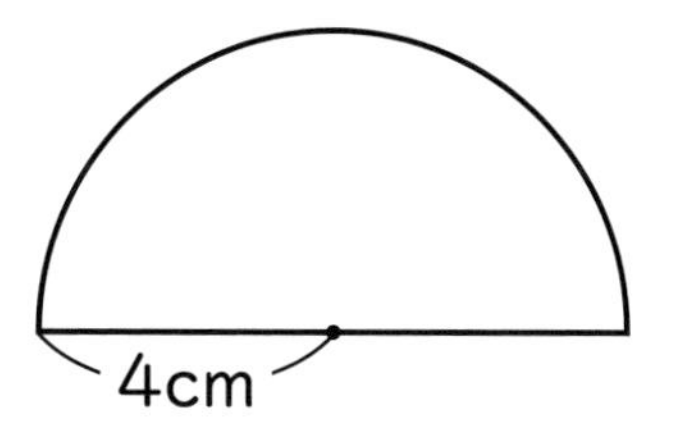

式

答え

③

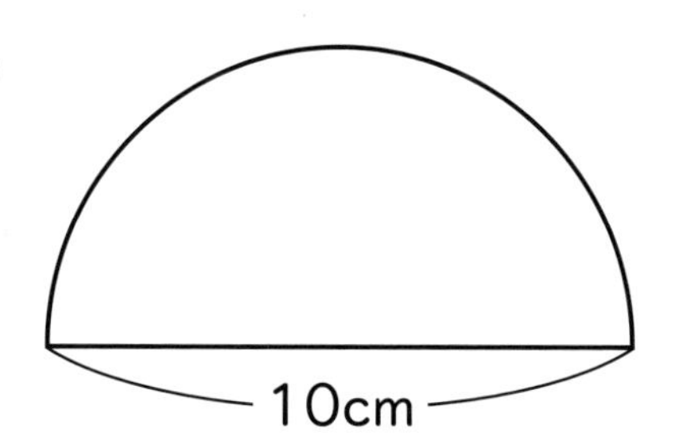

式

答え

④

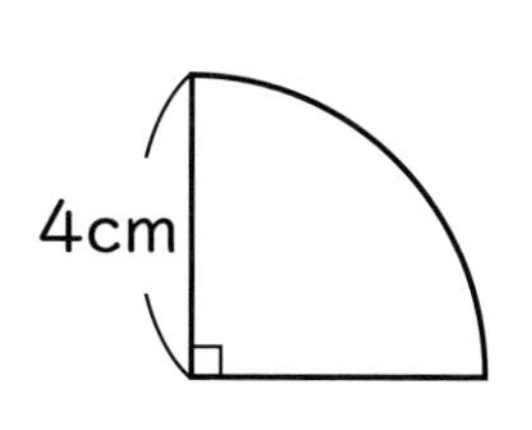

式

答え

⑤

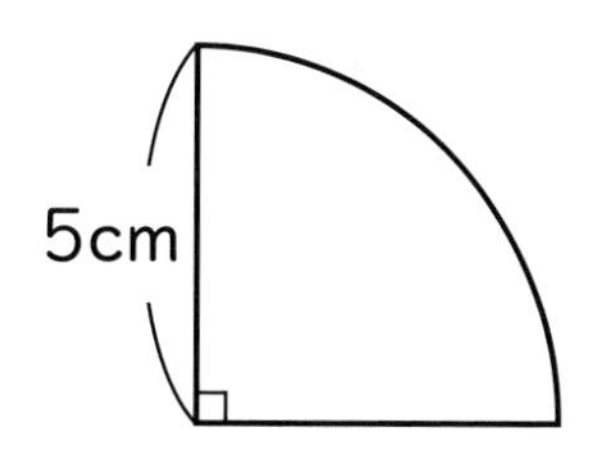

式

答え

円の面積

月　日

名前

1　■の部分の面積を求めましょう。

①

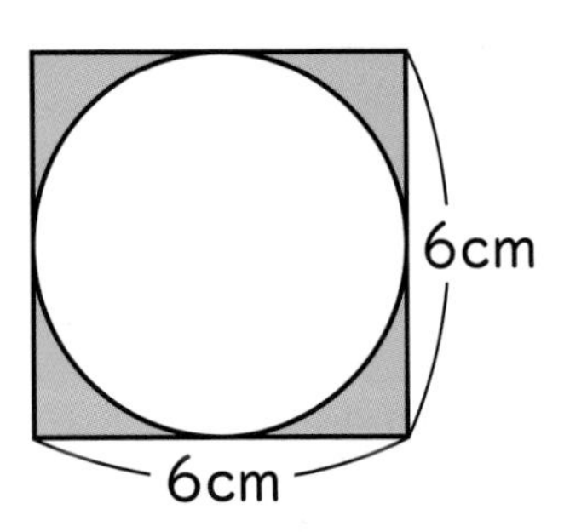

式

答え

②

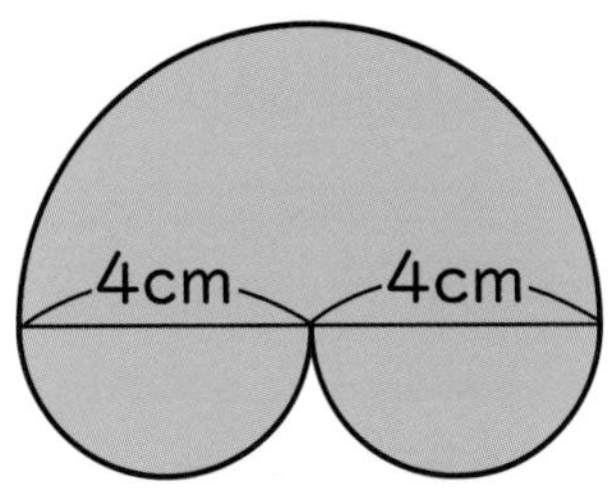

式

答え

③

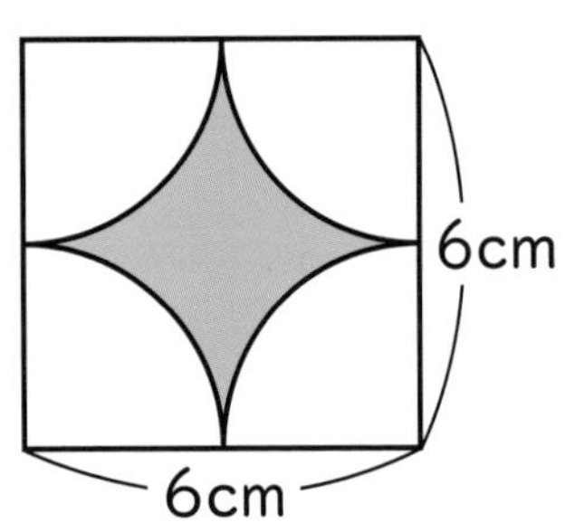

式

答え

2　円周が 31.4cm の円について答えましょう。

①　この円の直径は何 cm ですか。

式

答え

②　この円の面積を求めましょう。

式

答え

3 ■の部分の面積を求めましょう。

①

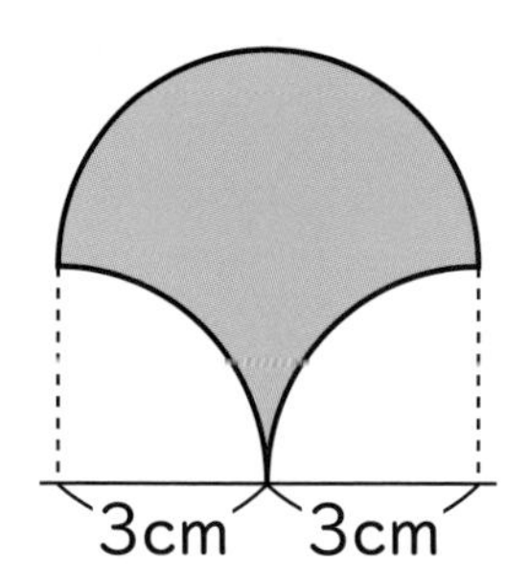

式

答え

②

3cm　3cm

式

答え

③

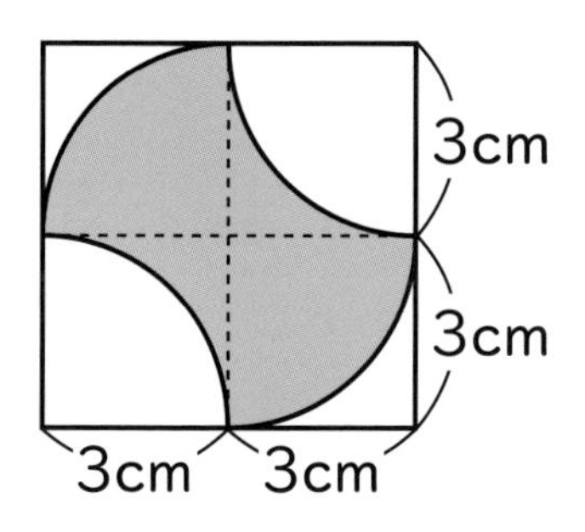

式

答え

④

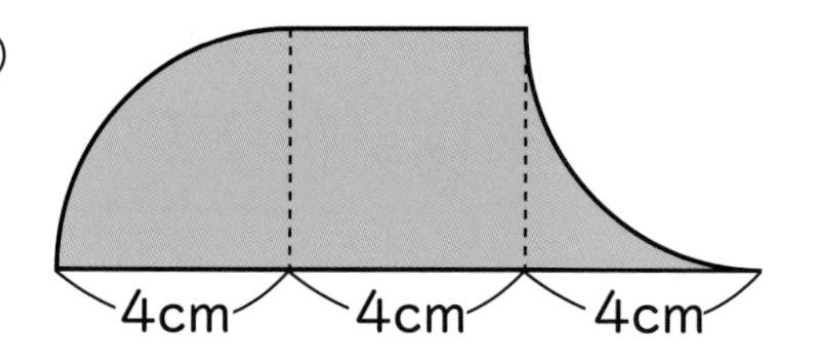

式

答え

＼できた度／
☆☆☆☆☆

円の面積

月　日
名前

1 （　）にあてはまる言葉を入れましょう。 (5点×2)

円の面積＝（　　　）×（　　　）×円周率（3.14）

2 次の面積を求めましょう。 (10点×4)

①
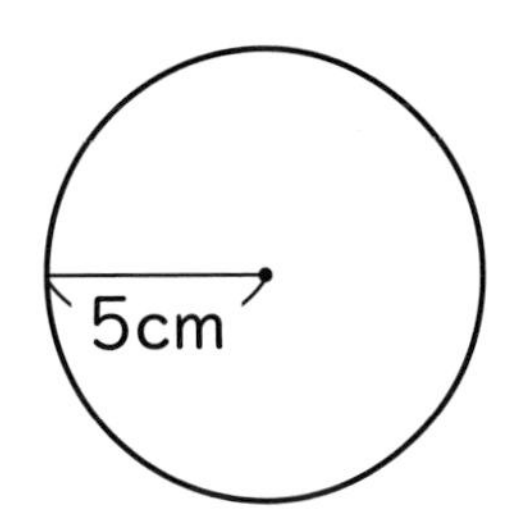

式

答え

②
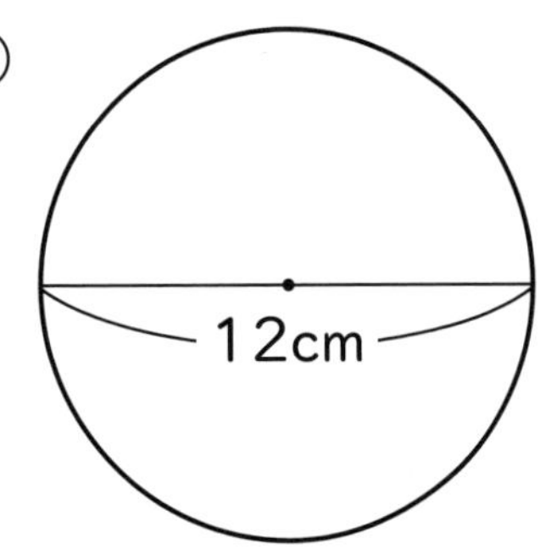

式

答え

③
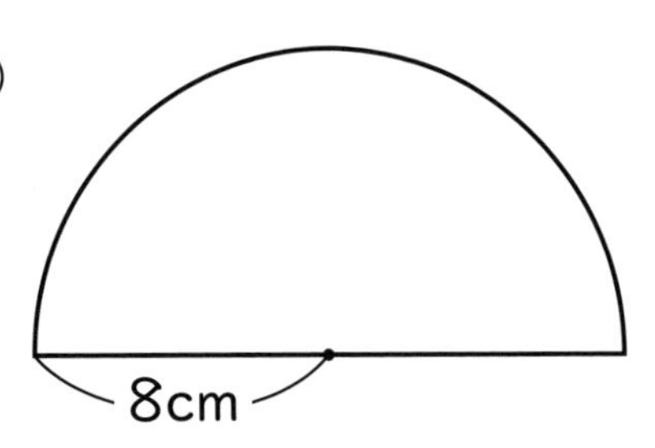

式

答え

④
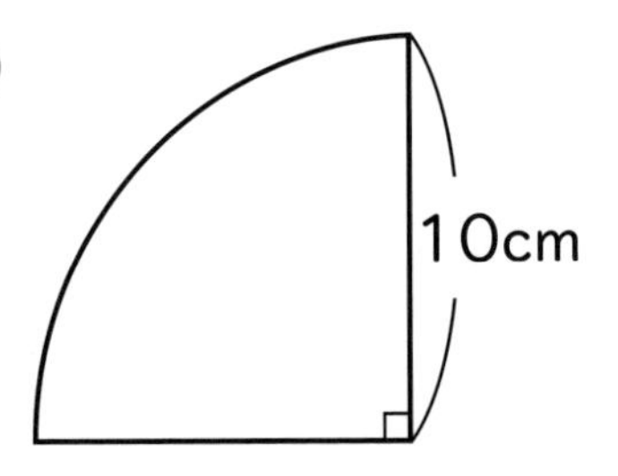

式

答え

3 ▢の部分の面積を求めましょう。 (10点×4)

①

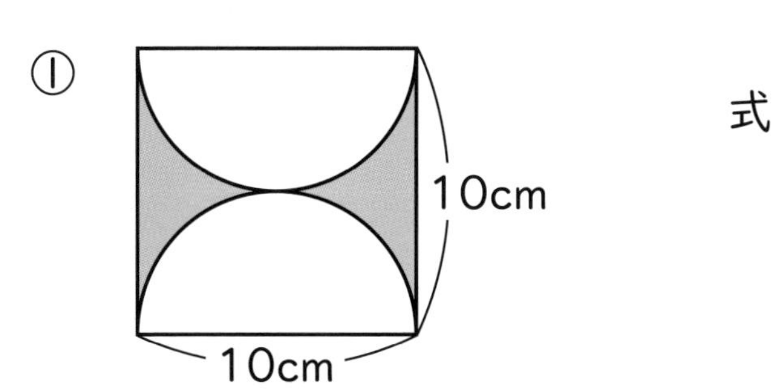

式

答え ________

②

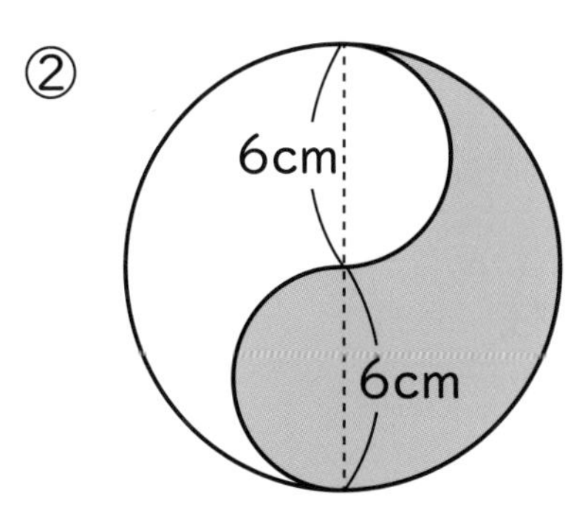

式

答え ________

③

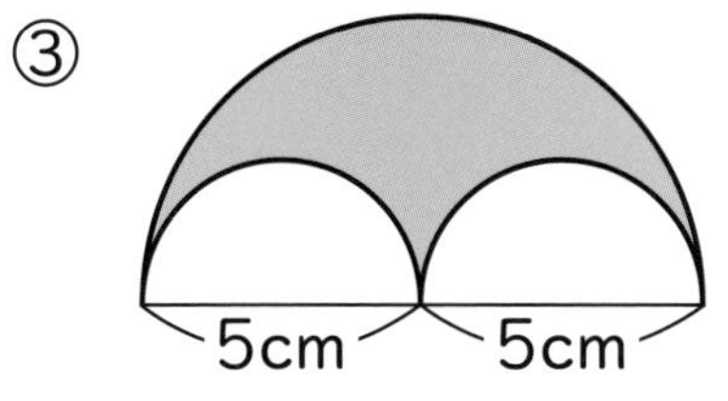

式

答え ________

④

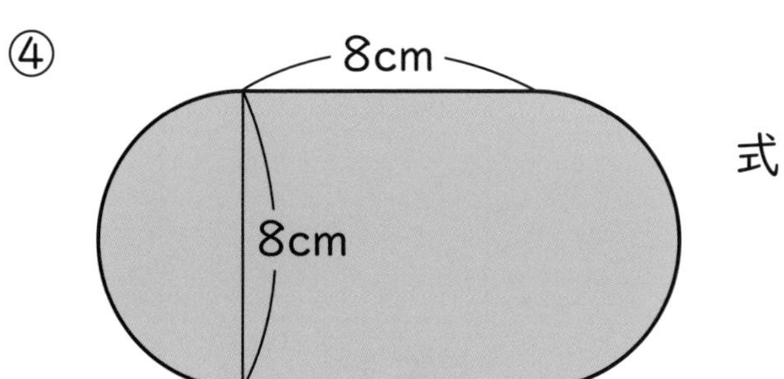

式

答え ________

4 円周が 18.84cm の円の面積を求めましょう。 (10点)

式

答え ________

角柱と円柱の体積

月　日
名前

1　（　）にあてはまる言葉を入れましょう。　(5点×2)

角柱、円柱の体積＝（　　　　）×（　　）

2　次の立体の体積を求めましょう。　(10点×4)

①　底面積が 20cm²、高さが 5cm の四角柱

式

答え

②

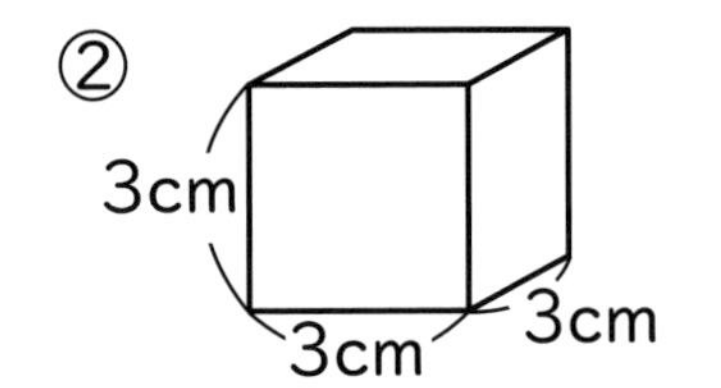

式

答え

③

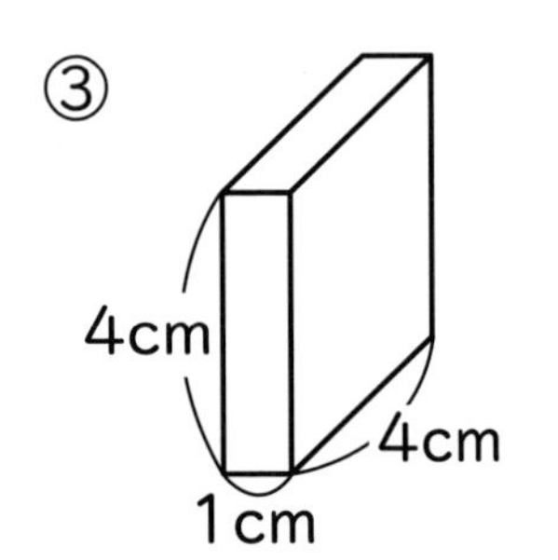

式

答え

④

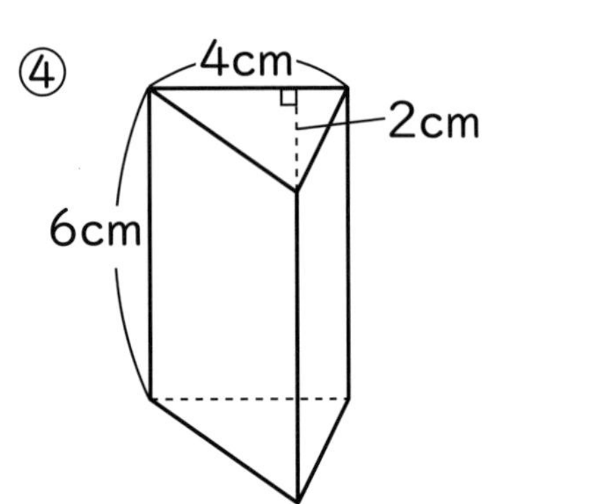

式

答え

ホップ 2 3 へ!

3 次の立体の体積を求めましょう。 (10点×3)

①

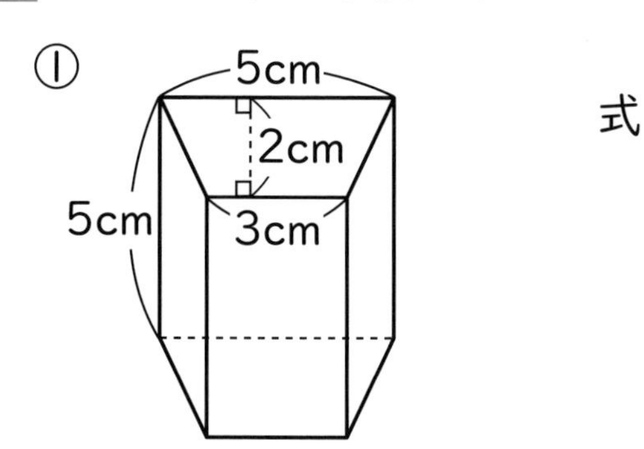

式

答え

②

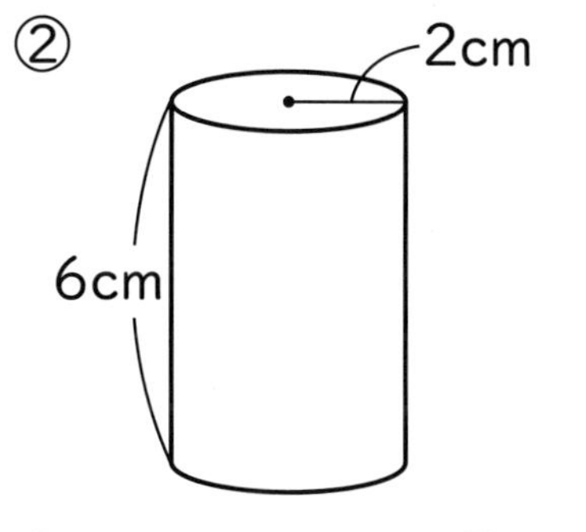

式

答え

③

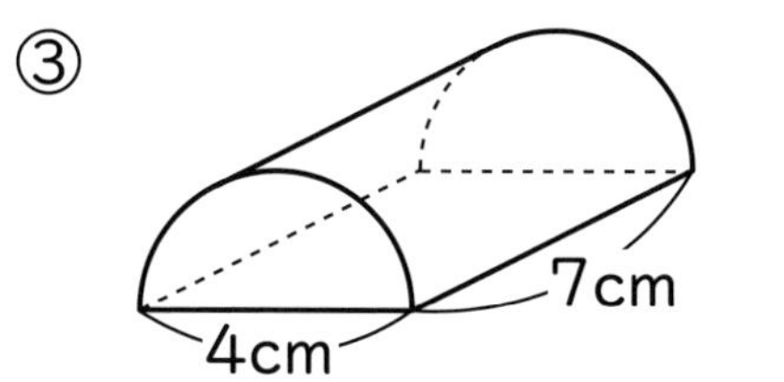

式

答え

ステップ 1 2 へ!

4 次の展開図について答えましょう。

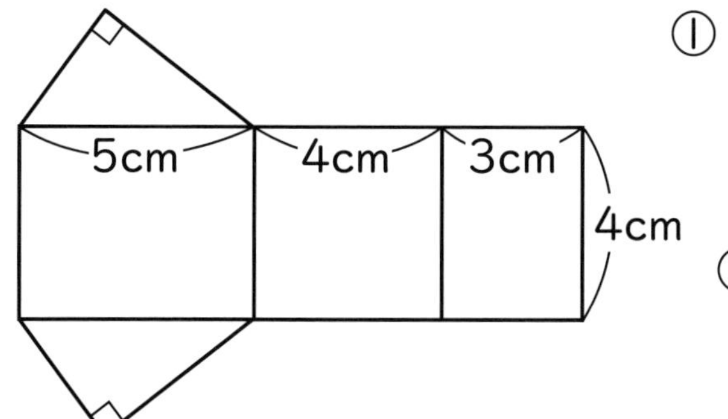

① この立体の名前を書きましょう。 (5点)

(　　　　)

② 高さは何cmですか。 (5点)

(　　　　)

③ この立体の体積を求めましょう。 (10点)

式

答え

ステップ 3 4 へ!

角柱と円柱の体積

月　　日

名前

1　（　）にあてはまる言葉を下から選んで書きましょう。

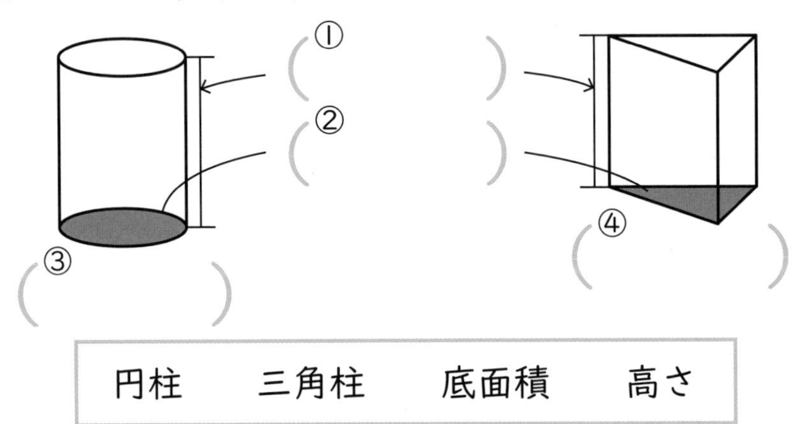

円柱	三角柱	底面積	高さ

2　次の立体の体積を求めましょう。

①　底面積が $30cm^2$、高さが 10cm の四角柱

式

答え

②　底面積が $314cm^2$、高さが 5cm の円柱

式

答え

③

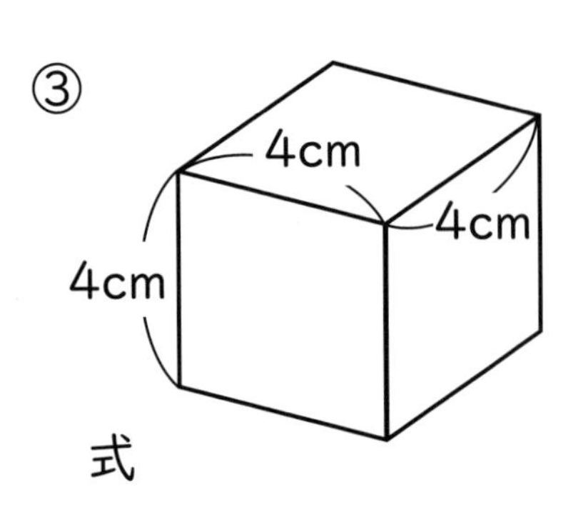

式

答え

④

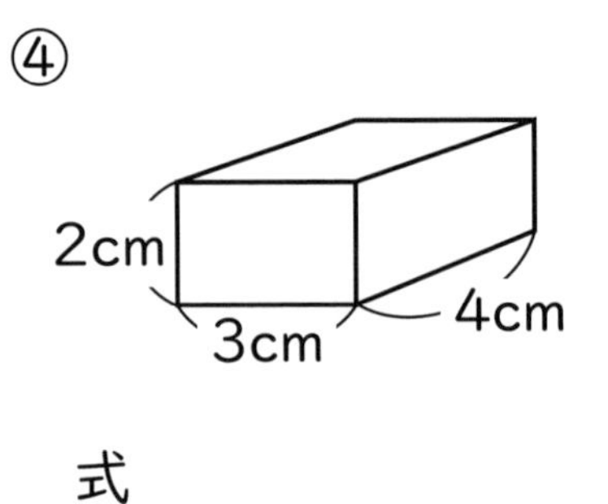

式

答え

3 次の立体の体積を求めましょう。

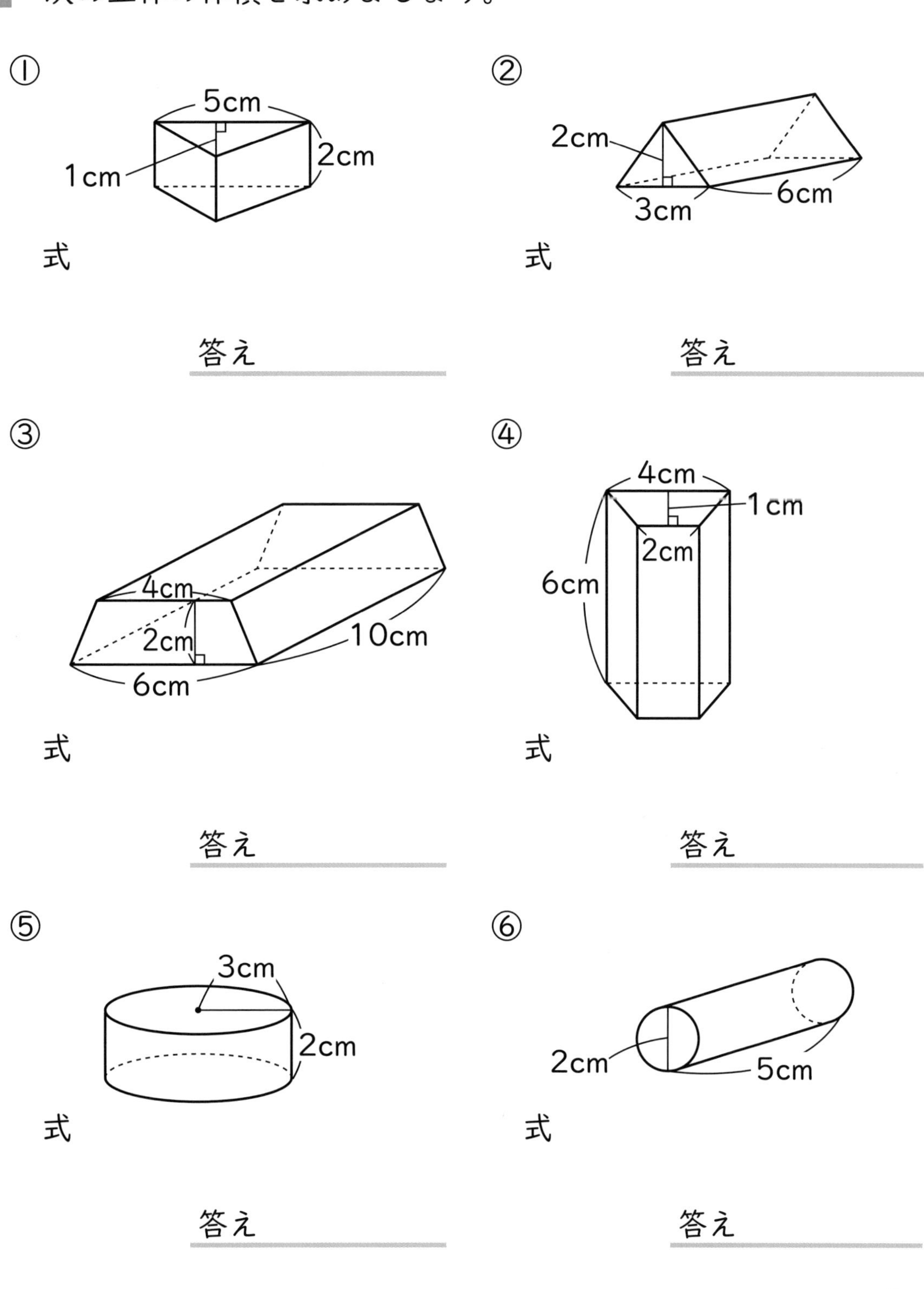

角柱と円柱の体積

月　　日
名前

1 次の立体の体積を求めましょう。

①
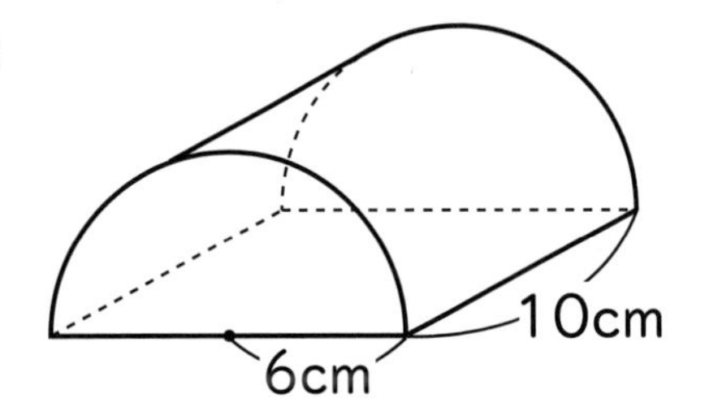

式

答え

②
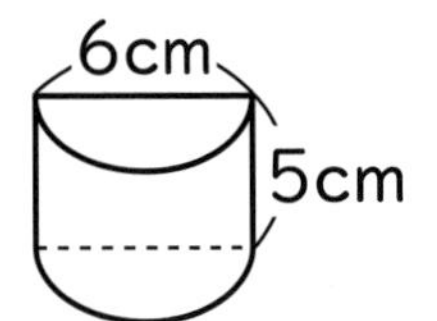

式

答え

2 次の立体を底面積×高さの式を使って求めましょう。

①
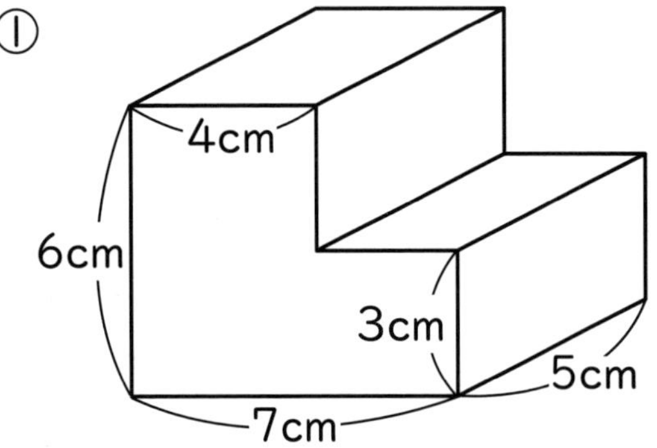

式

答え

②
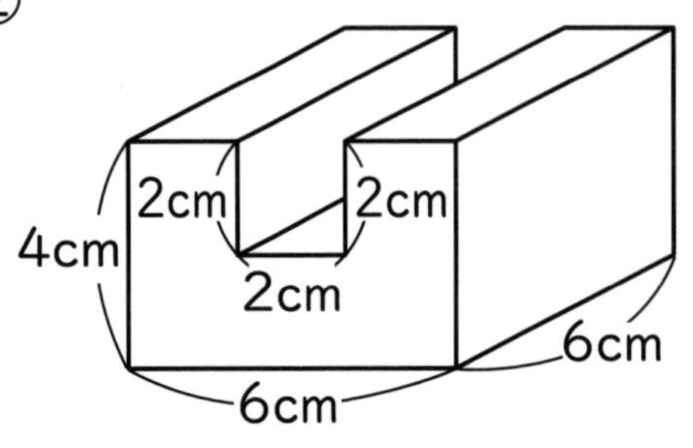

式

答え

3 次の展開図について答えましょう。

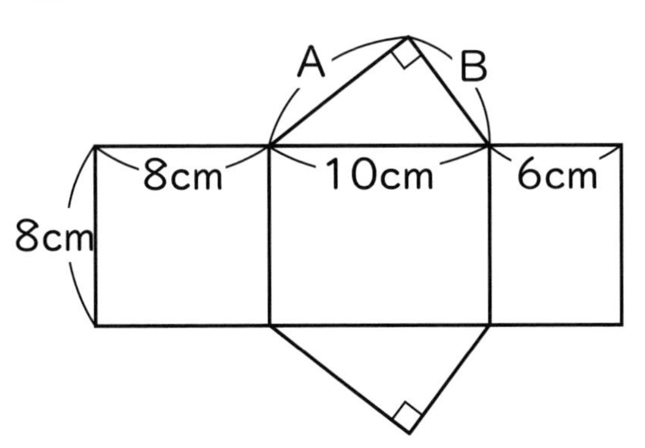

① この立体の名前は何ですか。

(　　　　　)

② A、Bはそれぞれ何 cm ですか。

A(　　　　　) B(　　　　　)

③ この立体の底面積を求めましょう。

式

答え

④ この立体の体積を求めましょう。

式

答え

4 次の展開図について答えましょう。

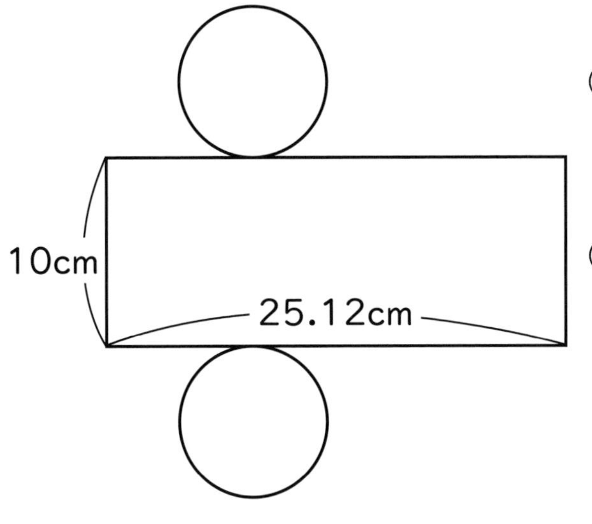

① この立体の名前は何ですか。

(　　　　　)

② 円の直径は何 cm ですか。

式

答え

③ この立体の体積を求めましょう。

式

答え

角柱と円柱の体積

月　　日
名前

1 （　）にあてはまる言葉を書きましょう。 (5点×2)

角柱、円柱の体積＝（　　　　）×（　　）

2 次の立体の体積を求めましょう。 (10点×4)

① 底面積が 15cm^2、高さが 6cm の四角柱

式

答え

②

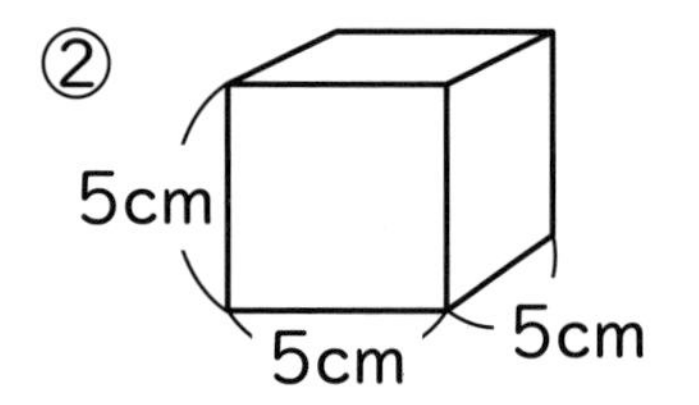

式

答え

③

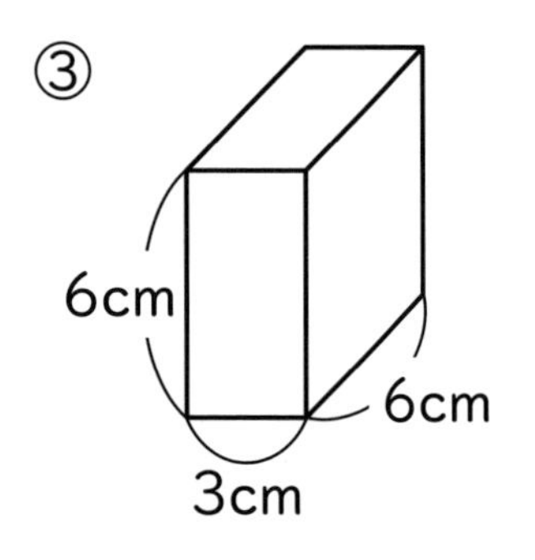

式

答え

④

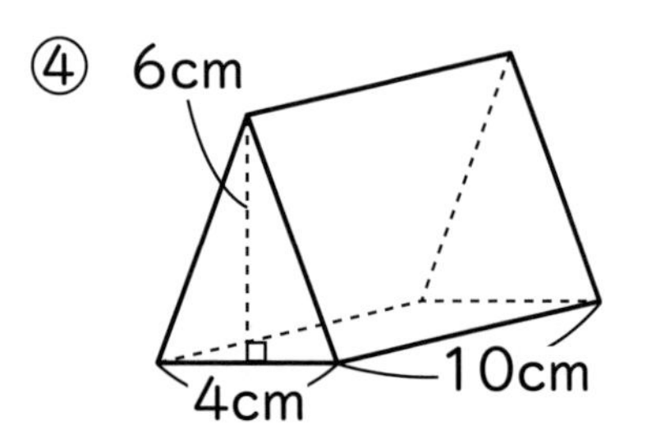

式

答え

3 次の立体の体積を求めましょう。 (10点×3)

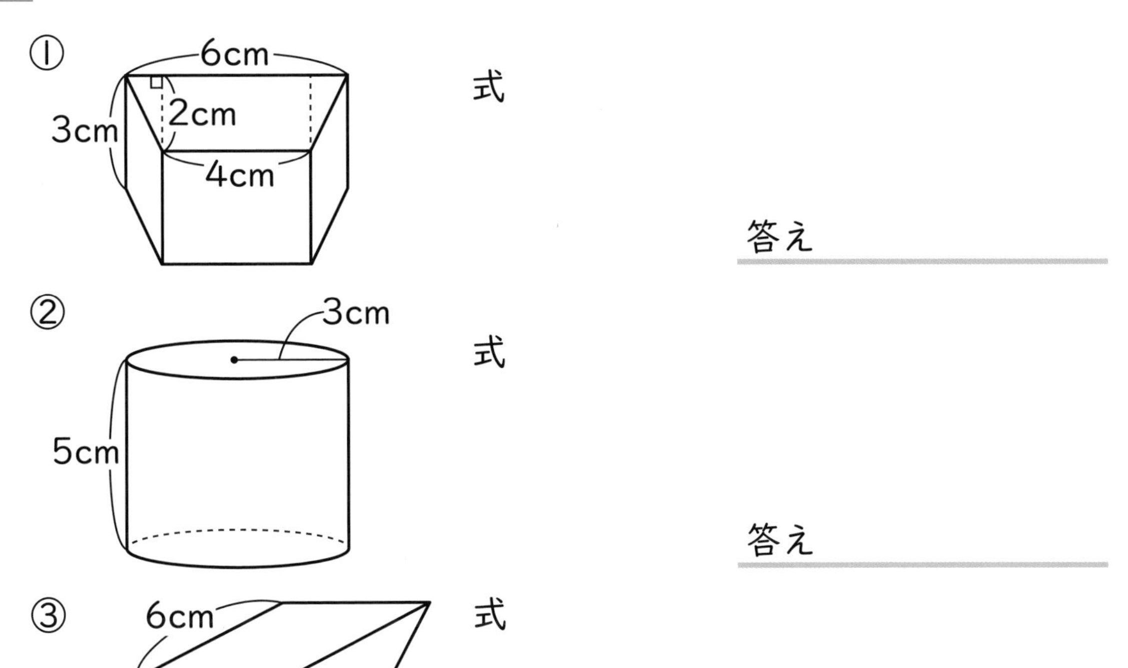

① 式

答え ＿＿＿＿＿＿＿＿

② 式

答え ＿＿＿＿＿＿＿＿

③ 式

答え ＿＿＿＿＿＿＿＿

4 次の展開図（てんかいず）について答えましょう。

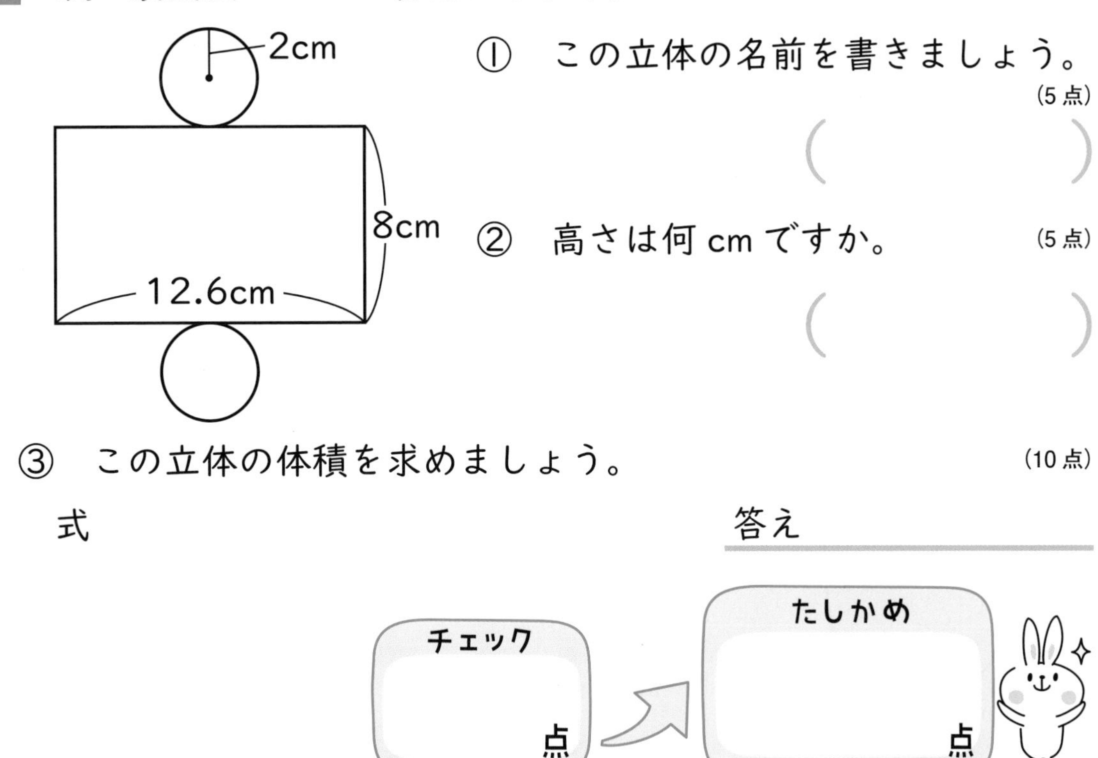

① この立体の名前を書きましょう。 (5点)

(　　　　　　)

② 高さは何 cm ですか。 (5点)

(　　　　　　)

③ この立体の体積を求めましょう。 (10点)

式

答え ＿＿＿＿＿＿＿＿

チェック 点

たしかめ 点

およその面積・体積

月　　日

名前

1 次の形をした公園があります。およその面積を求めましょう。

(5点×3)

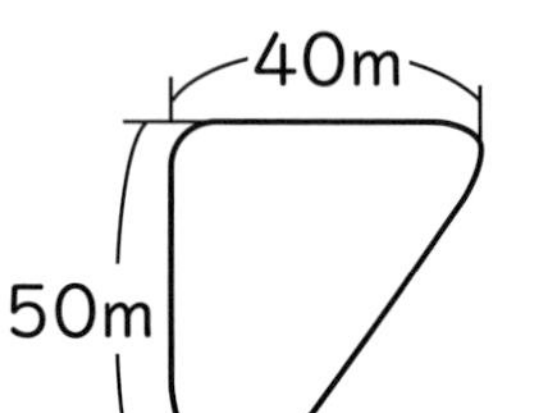

① どんな図形として計算しますか。

(　　　　)

② およその面積を求めましょう。

式

答え

ホップ 1 2 へ!

2 次の形をした池があります。およその面積を求めましょう。

(5点×3)

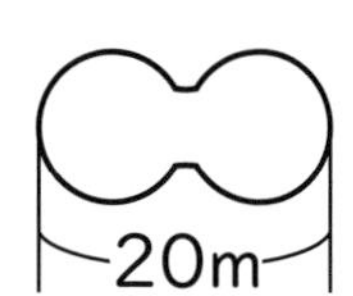

① どんな図形として計算しますか。

(　　　　)

② およその面積を求めましょう。

式

答え

ホップ 1 2 へ!

3 次のような葉があります。

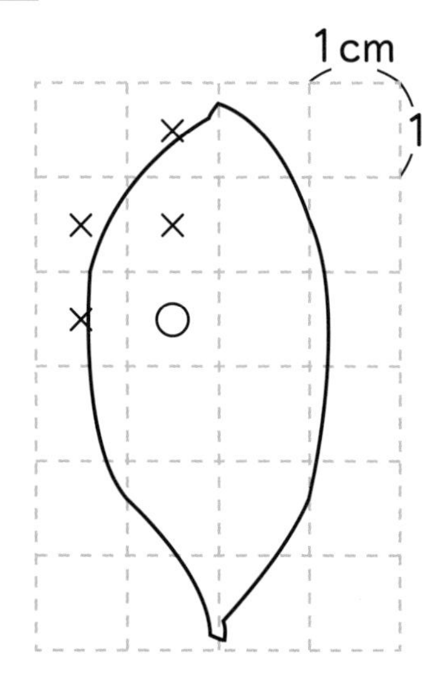

① 1マス全部が入っていれば○を、少しでも欠けていれば×をつけます。左の図に○と×をつけましょう。(5点)

② ◎を $1 \times 1 = 1(cm^2)$ ☒は $0.5cm^2$ としておよその面積を計算しましょう。(5点×3)

◎　1 ×(　　　　)=(　　　　)

☒ 0.5 ×(　　　　)=(　　　　)

答え

ホップ 3 4 へ!

4　およその体積を求めましょう。 (10点×5)

①

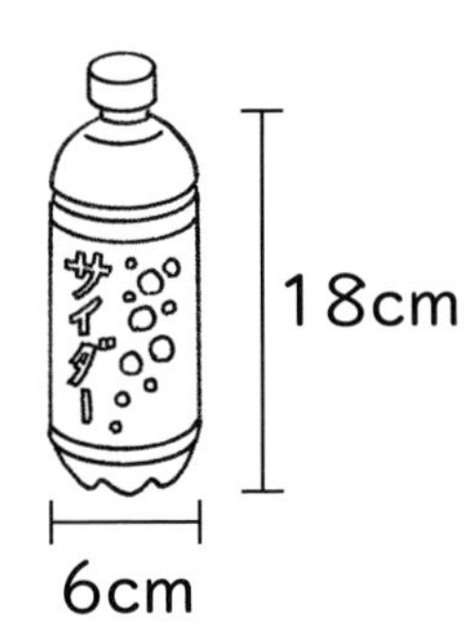

式

答え

②

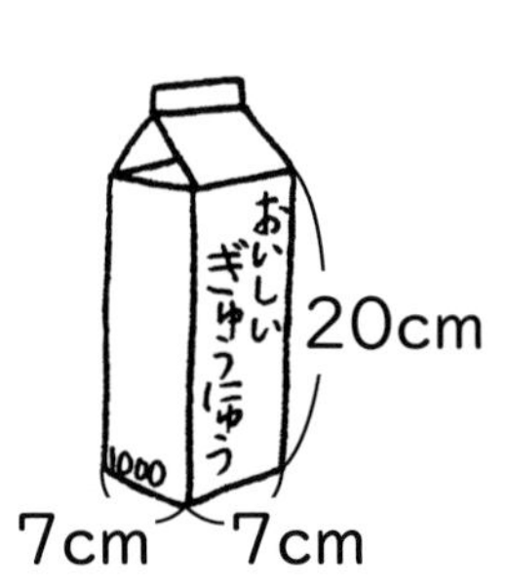

式

答え

③

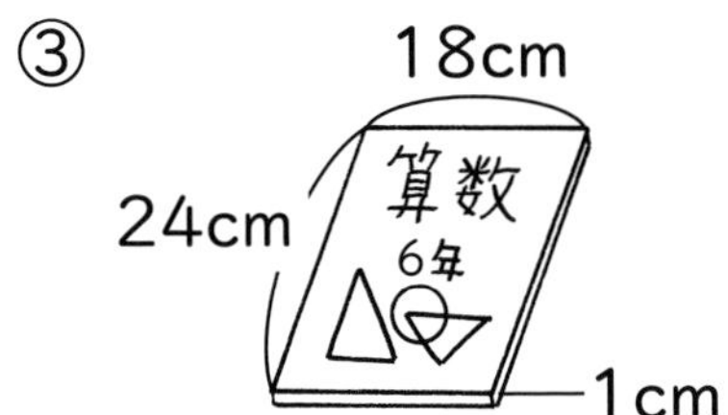

式

答え

④

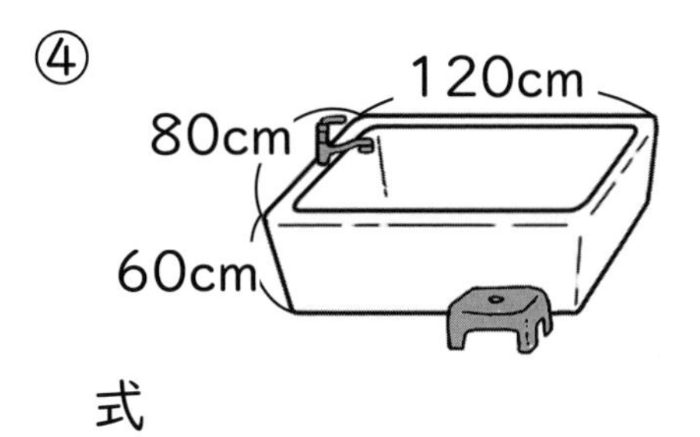

式

答え

⑤

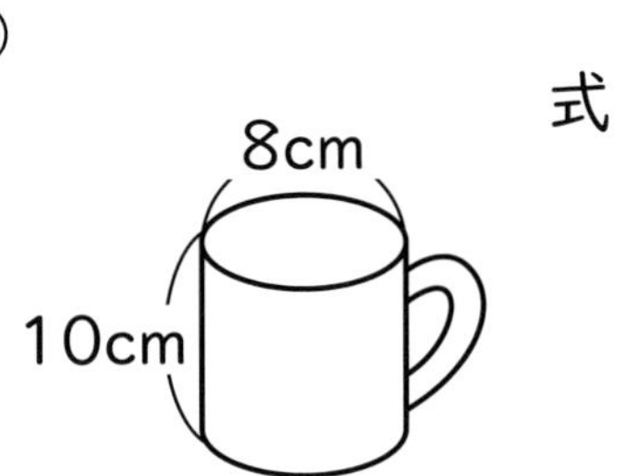

式

答え

およその面積・体積

月　　日
名前

1 およその面積を計算します。どんな図形として計算しますか。線で結びましょう。

① 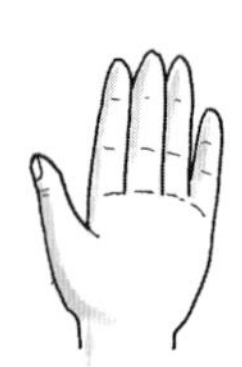	てのひら ●	● 三角形
② 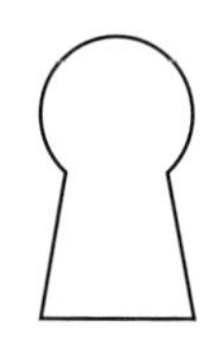	古墳（こふん） ●	● 長方形
③ 	びわ湖 ●	● 円と台形
④ 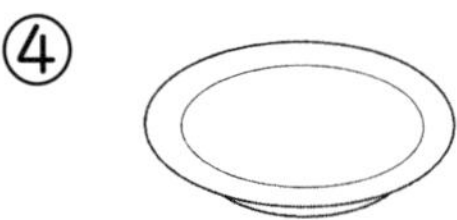	さら ●	● 円

2 次の形をした池があります。

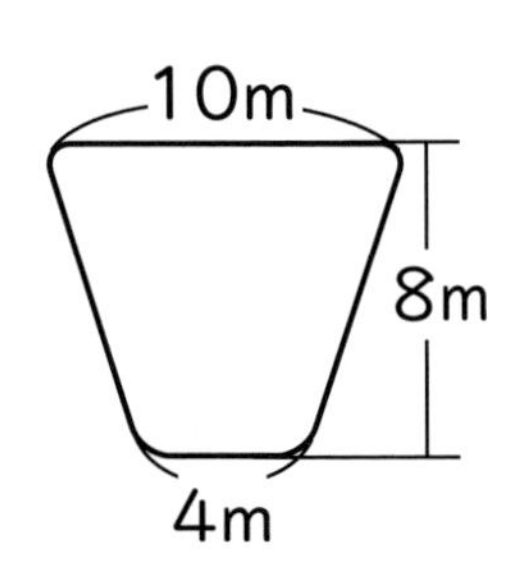

① どんな図形として計算しますか。

（　　　　　　）

② およその面積を求めましょう。

式

答え ＿＿＿＿＿＿＿＿

3 次のような池があります。

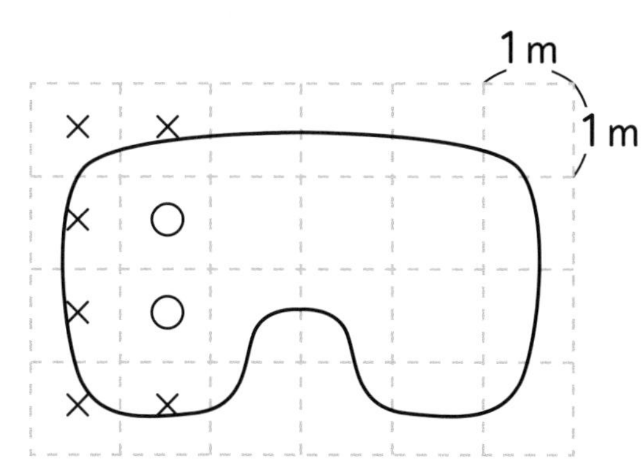

① 1マス全部が入っていれば○を、少しでも欠けていれば×をつけます。図に○と×を入れましょう。

② ○を $1 \times 1 = 1$ (m^2)、×を $1m^2$ の $\frac{1}{2}$ の $0.5m^2$ と考えて池のおよその面積を求めます。

○… $1 \times$ (　　　) = (　　　) m^2

×… $0.5 \times$ (　　　) = (　　　) m^2

答え

4 屋久島（鹿児島県）のおよその面積を求めましょう。

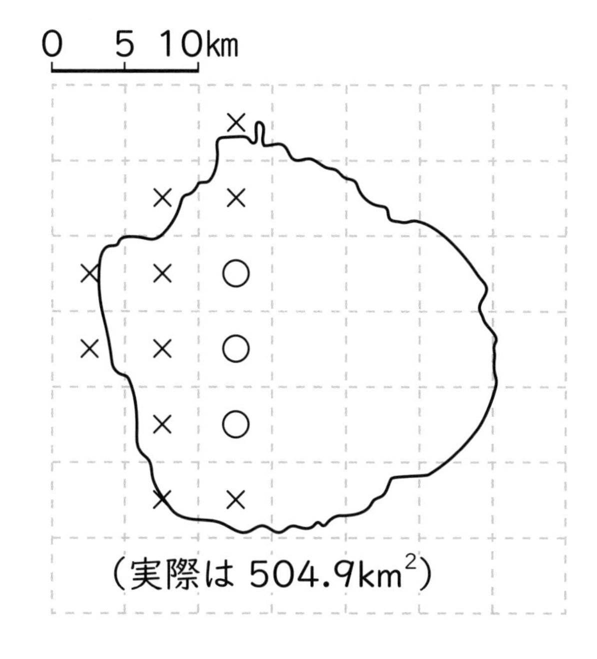

（実際は $504.9km^2$）

$25 \times$ (　　) = (　　)

$12.5 \times$ (　　) = (　　)

答え

およその面積・体積

月　　日

名前

およその体積を計算します。どんな立体として計算しますか。線で結びましょう。

①

ショートケーキ

②

トイレットペーパー

③

サイコロ

④
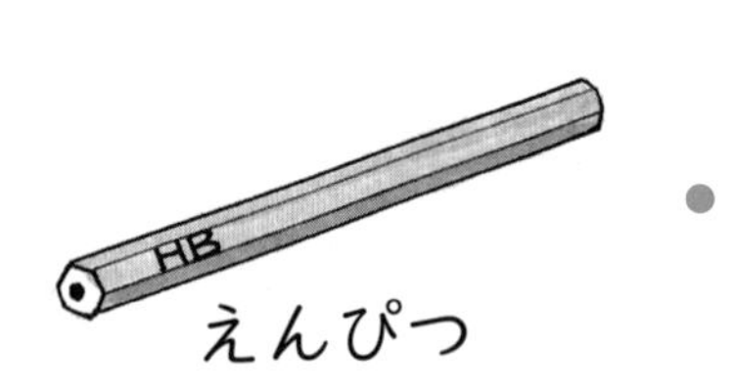

えんぴつ

⑤

食品ラップフィルム

・円柱
・三角柱
・六角柱
・直方体
・立方体

2　およその体積を求めましょう。

①

100cm

80cm　60cm

たんす

・どんな立体として計算しますか。

（　　　　　　）

・およその体積を求めましょう。

式

答え ＿＿＿＿＿＿＿＿

②

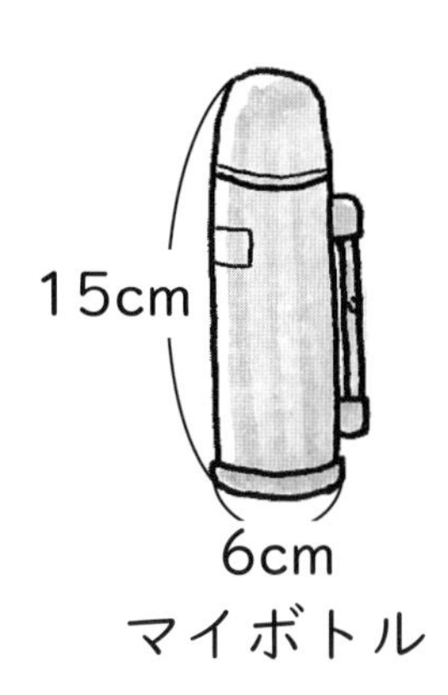

マイボトル

・どんな立体として計算しますか。

（　　　　　　）

・およその体積を求めましょう。

式

答え ＿＿＿＿＿＿＿＿

③

ショートケーキ

・どんな立体として計算しますか。

（　　　　　　）

・およその体積を求めましょう。

式

答え ＿＿＿＿＿＿＿＿

できた度

☆☆☆☆☆

およその面積・体積

月　日
名前

1 次の形をした公園があります。およその面積を求めましょう。

(5点×3)

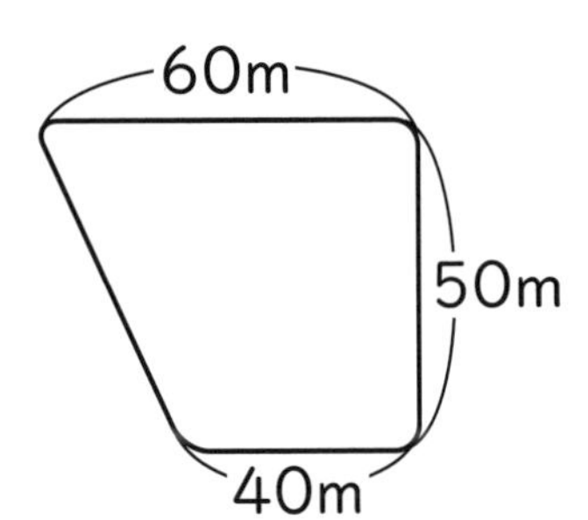

① どんな図形として計算しますか。

(　　　　)

② およその面積を求めましょう。

式

答え

2 次の形をした池があります。およその面積を求めましょう。

(5点×3)

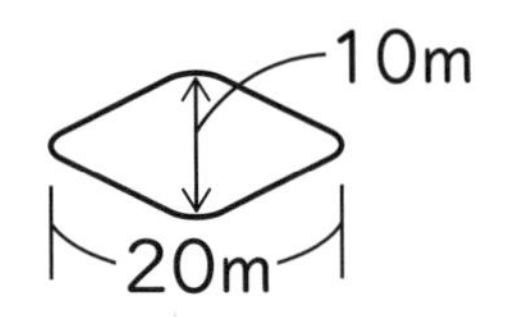

① どんな図形として計算しますか。

(　　　　)

② およその面積を求めましょう。

式

答え

3 次のような葉があります。

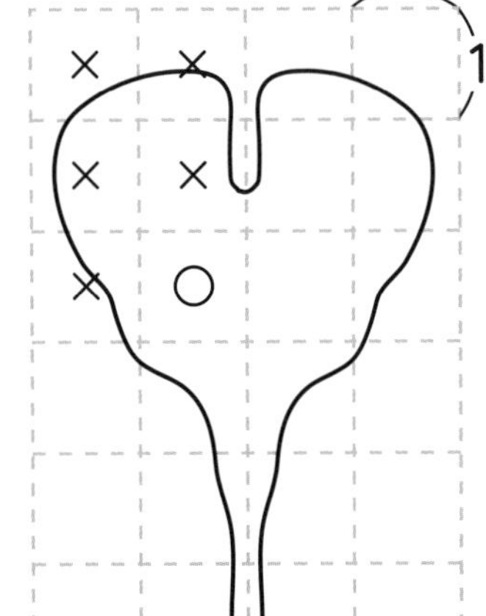

① 1マス全部が入っていれば○を、少しでも欠けていれば×をつけます。左の図に○と×を入れましょう。(5点)

② ◎を $1 \times 1 = 1(cm^2)$、☒は $0.5cm^2$ としておよその面積を計算しましょう。(5点×3)

◎ 1 ×(　　　　)=(　　　　)

☒ 0.5 ×(　　　　)=(　　　　)

答え

4 およその体積を求めましょう。 (10点×5)

①

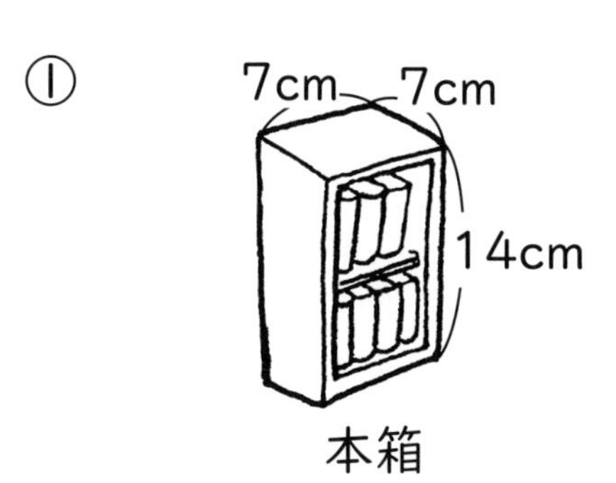

本箱

式

答え

②

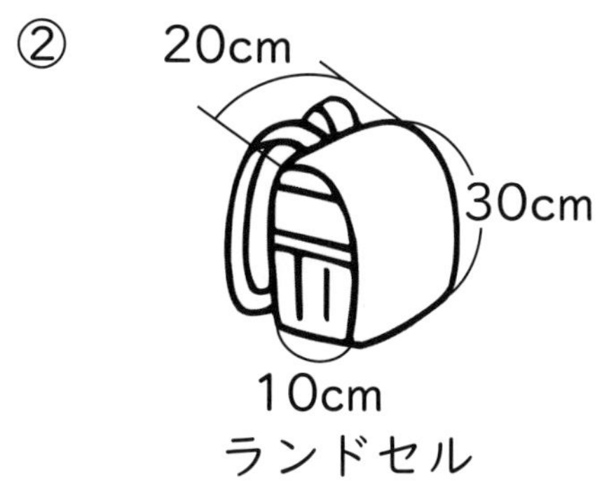

ランドセル

式

答え

③

サンドイッチ

式

答え

④

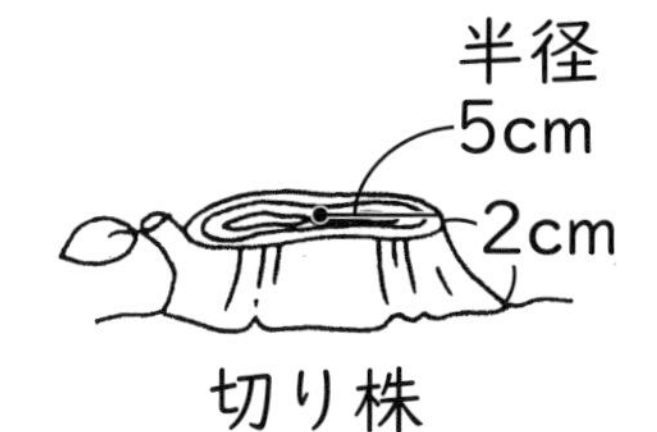

切り株

式

答え

⑤

4cm
8cm
カップ

式

答え

チェック 点

たしかめ 点

比例・反比例

月　日
名前

1 1個50円のみかんを x 個買ったときの代金を y 円として表をつくりました。 (5点×6)

個数 x（個）	1	2	3	4	5
代金 y（円）	50	100	150		

① 上の表を完成させましょう。

② みかんの個数が2倍、3倍、……になると代金はどのように変わりますか。
（　　　　　　）

③ 代金は個数に比例していますか。
（　　　　　　）

④ 個数 x 個と代金 y 円の関係を式に表しましょう。
（　　　　　　）

⑤ みかんの個数が9個のときの代金を求めましょう。

式
（　　　　　　）

ホップ 1 2 へ!

2 次の文で、ともなって変わる量が比例しているものに○、していないものに×をつけましょう。 (5点×4)

① （　　）5さいちがいの姉と弟の年れい

② （　　）正方形の1辺の長さとまわりの長さ

③ （　　）1mあたり200gの針金（はりがね）の長さと重さ

④ （　　）100kmの道のりを走る車の速さと時間

ホップ 5 へ!

3 面積が 24cm^2 の長方形の縦(たて)の長さ $x$cm、横の長さ $y$cm として表をつくりました。 (5点×6)

縦の長さ x（cm）	1	2	3	4	6	8	12	24
横の長さ y（cm）	24	12	8	6			2	1

① 上の表を完成させましょう。

② 縦の長さが２倍、３倍、……になると、横の長さはどのように変わりますか。
（　　　　　）

③ 縦の長さは横の長さに反比例していますか。
（　　　　　）

④ 縦の長さ $x$cm と横の長さ $y$cm の関係を式に表しましょう。
（　　　　　）

⑤ 縦の長さが 5cm のときの横の長さを求めましょう。

式
（　　　　　）

ステップ 1 へ!

4 次の文でともなって変わる量が反比例しているものに○、していないものに×をつけましょう。 (5点×4)

①（　　）面積が 12cm^2 の平行四辺形の底辺の長さと高さ

②（　　）50km の道のりを走る車の速さと時間

③（　　）１日の昼と夜の長さ

④（　　）１分あたりに入る水の量と水を入れる時間

ステップ 3 へ!

比例・反比例

月　　日

名前

1 針金(はりがね)の長さ xm と重さ yg の関係を表にしました。

長さ x（m）	0	1	2	3	4	5	6
重さ y（g）	0	100	200	300	400	500	600

① 針金の長さと重さの関係をグラフに表しましょう。

② 針金の長さと重さの関係を x、y の式で表しましょう。

（ y = 　　　　）

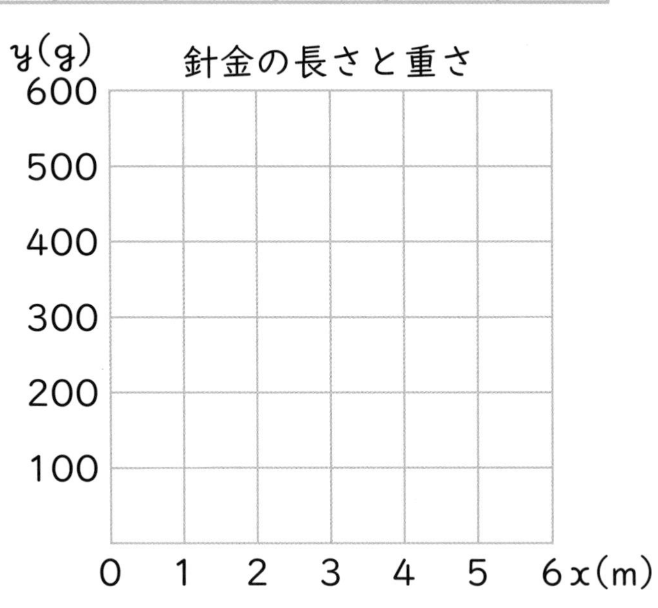

2 水そうに水を入れる時間 x 分と水の深さ y（cm）の関係を表にしました。

時間 x(分)	0	1	2	3	4	5	6
深さ y(cm)	0	3	6	9	12	15	18

① グラフに表しましょう。

② y を x の式で表しましょう。

（ y = 　　　　）

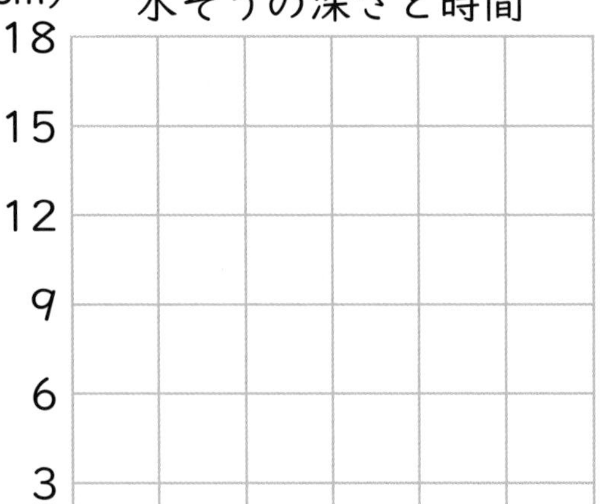

3 次の表で y が x に比例しているものに○をつけましょう。

①（　　）

x（個）	1	2	3	4
y（kg）	3	5	7	9

②（　　）

x（L）	1	2	3	4
y（L）	9	8	7	6

③（　　）

x（m）	2	4	6	8
y（g）	3	6	9	12

④（　　）

x（cm）	1	2	3	4
y（cm^2）	1	4	9	16

4 次の表は y が x に比例しています。表に数を入れましょう。

①

x（m）	1	2	3	4
y（g）	5		15	

②

x（cm）	2		6	
y（cm^2）	12	24		48

5 次の文でともなって変わる量が比例しているものに○をつけましょう。

①（　　）100g が 500 円の肉の重さと代金。

②（　　）立方体の 1 辺の長さと体積。

③（　　）1 L の水を飲んだ量と残りの量。

④（　　）正三角形の 1 辺の長さとまわりの長さ。

できた度

☆☆☆☆☆

比例と反比例

月　　日

名前

1　面積が 24cm^2 の長方形の縦(たて)の長さ $x$cm と横の長さ $y$cm の関係を表にしました。

縦の長さ x（cm）	1	2	3	4	5	6	8	12	24
横の長さ y（cm）	24	12			4.8			2	1

①　表を完成させましょう。

②　x と y の関係を式に表し、グラフをかきましょう。　（　　　　　　　）

2 次の表で y が x に反比例しているものに○をつけましょう。

①（　　）

x（cm）	1	2	3	4
y（cm）	6	5	4	3

②（　　）

x（cm）	1	2	3	4
y（cm^2）	3	6	9	12

③（　　）

x（cm）	1	2	3	6
y（cm）	6	3	2	1

④（　　）

x（分）	3	6	9	18
y（L）	12	6	4	2

3 次の文でともなって変わる量が反比例しているものに○をつけましょう。

①（　　）100 m を走るときの速さと時間

②（　　）底辺が 5cm の三角形の高さと面積

③（　　）まわりの長さが 20cm の長方形のたてと横の長さ

④（　　）体積が 100㎤の立体の底面積と高さ

4 比例のグラフと反比例のグラフを選びましょう。

①

② 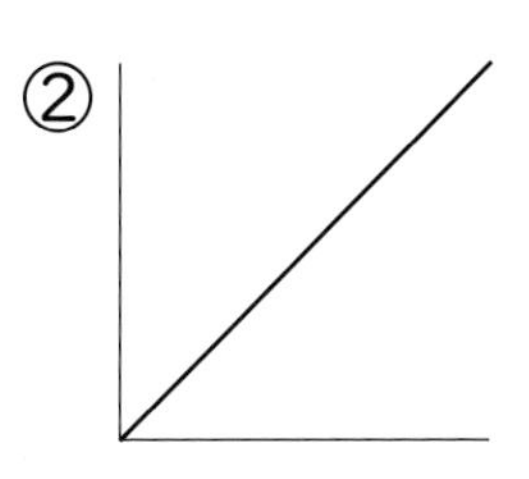

③ 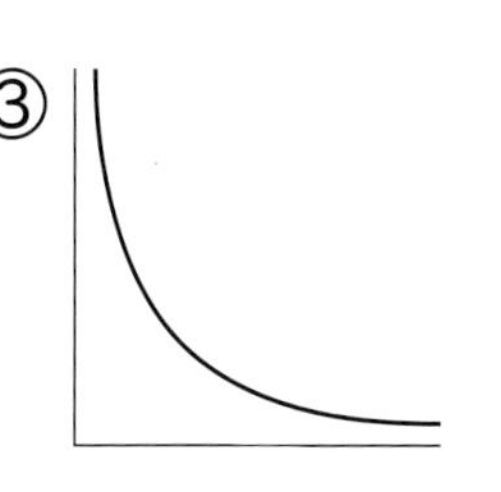

④ 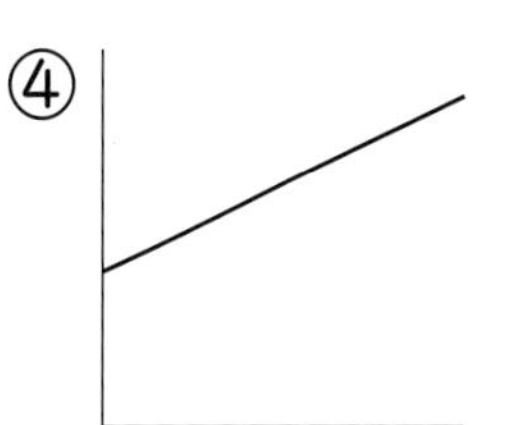

比例のグラフ　（　　）

反比例のグラフ　（　　）

＼できた度／
☆☆☆☆☆

比例・反比例

月　　日
名前

1 1個100円のりんごを x 個買ったときの代金を y 円として表をつくりました。（5点×6）

個数 x（個）	1	2	3	4	5
代金 y（円）	100	200	300		

① 上の表を完成させましょう。

② りんごの個数が2倍、3倍、……になると代金はどのように変わりますか。
（　　　　　　）

③ 代金は個数に比例していますか。
（　　　　　　）

④ 個数 x 個と代金 y 円の関係を式に表しましょう。
（　　　　　　）

⑤ りんごの個数が9個のときの代金を求めましょう。

式
（　　　　　　）

2 次の文でともなって変わる量が比例しているものに○、していないものに×をつけましょう。（5点×4）

①（　　　）まわりが12cmの長方形の縦（たて）と横の長さ

②（　　　）1mあたり5kgの鉄の棒（ぼう）の長さと重さ

③（　　　）200ページの本の読んだページと残りのページ

④（　　　）時速90kmで走る電車の時間と進む道のり

3 面積が 36cm^2 の長方形の縦(たて)の長さ xcm、横の長さ ycm として表をつくりました。 (5点×6)

縦の長さ x (cm)	1	2	3	4	6	9	12	18
横の長さ y (cm)	36	18	12				3	2

① 上の表を完成させましょう。

② 縦の長さが 2 倍、3 倍、……になると横の長さはどのように変わりますか。
( )

③ 縦の長さは横の長さに反比例していますか。
( )

④ 縦の長さ xcm と横の長さ ycm の関係を式に表しましょう。
( )

⑤ 縦の長さが 8cm のときの横の長さを求めましょう。

式
( )

4 次の文でともなって変わる量が反比例しているものに○、していないものに×をつけましょう。 (5点×4)

① ( ) 高さが 5cm の三角形の底辺の長さと面積

② ( ) 時速 50km で走る車の時間と道のり

③ ( ) 120km の道のりを走る車の速さと時間

④ ( ) 48 個のあめを分ける人数と 1 人分の個数

並べ方と組み合わせ方

月　　日
名前

1　A、B、C、Dの４人が１列に並(なら)びます。

①　Aが先頭になる並び方を考えます。図を完成させましょう。
(3点×10)

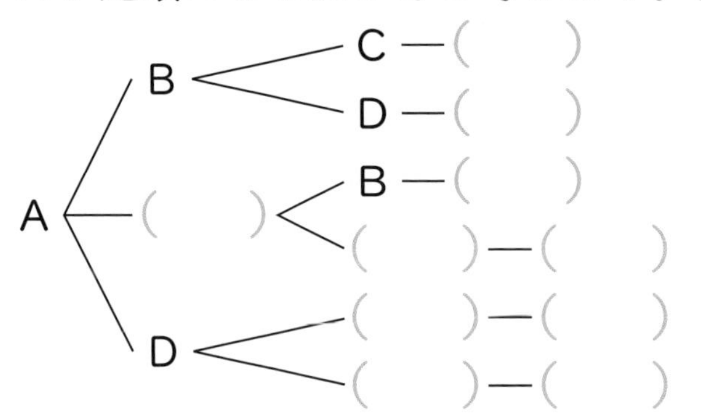

②　Bが先頭になる並び方は何通りですか。
(5点)

答え

③　４人が１列になる並び方は何通りですか。
(5点)

式

答え

ホップ 1 へ!

2　[1][2][3]の３枚(まい)のカードで３けたの整数をつくります。
何通りの整数ができますか。
(5点)

1 ＜ 2 ― 3
　　 3 ― 2

答え

ホップ 3 へ!

3　メダルを続けて２回投げます。
表と裏(うら)の出方は全部で何通りですか。
(5点)

㊤表 ＜ 表
　　　 裏

答え

ホップ 5 へ!

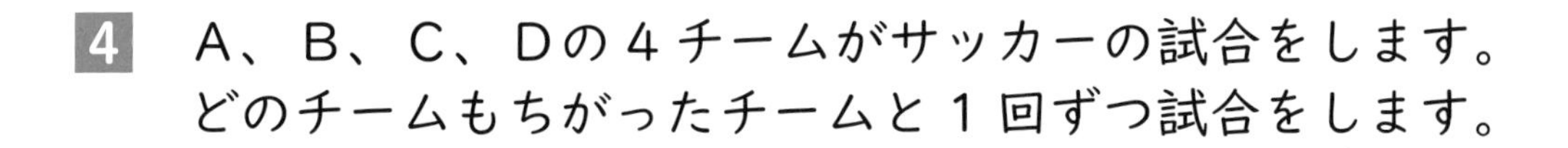

4 A、B、C、Dの４チームがサッカーの試合をします。
どのチームもちがったチームと１回ずつ試合をします。

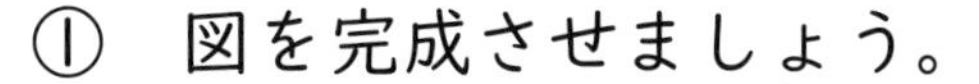

① 図を完成させましょう。 (10点)

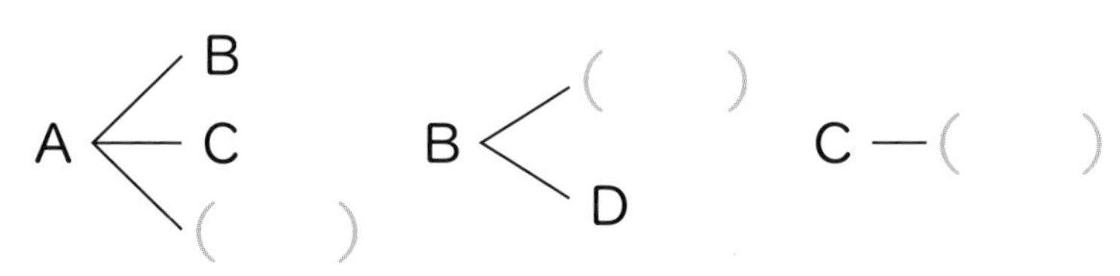

② 行われる試合に○をつけましょう。 (10点)

＼	A	B	C	D
A	＼			
B		＼		
C			＼	
D				＼

③ 全部で何試合になりますか。 (10点)

答え

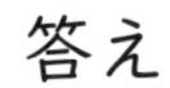
ステップ1へ!

5 次の４種類の硬貨があります。
このうち２枚を組み合わせてできる金額を考えましょう。

① いちばん高い金額は何円ですか。 (5点)

(　　　　)

② いちばん安い金額は何円ですか。 (5点)

(　　　　)

③ 全部で何通りの金額ができますか (10点)

(　　　　)

ステップ12へ!

並べ方と組み合わせ方

月　日
名前

1 A、B、C、Dの４人でリレーを走ります。走る順番を考えましょう。

① 図を完成させましょう。

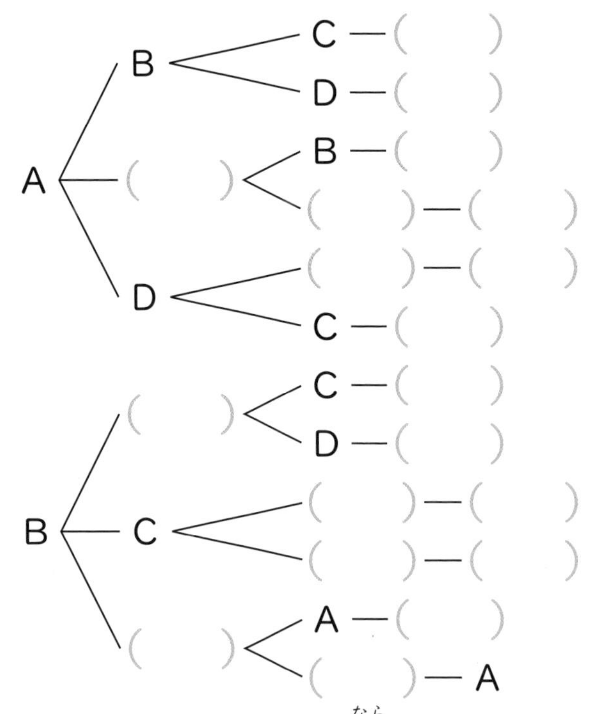

② A、Bが第１走者の並(なら)び方はそれぞれ何通りですか。

答え　Aが第１走者　　　Bが第１走者

③ 全部で何通りですか。

答え

2 学校から公園を通って図書館に行きます。
何通りの行き方がありますか。

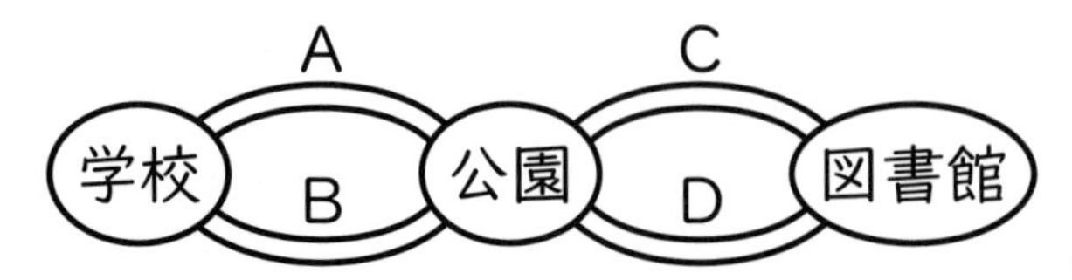

答え

3 1～4のカードを3枚(まい)使って3けたの整数をつくります。

① 図を完成させましょう。

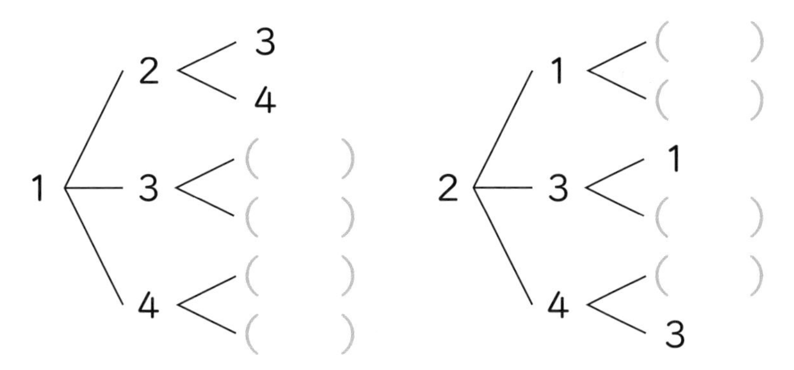

② 全部で何通りできますか。

答え

4 やお屋、パン屋、肉屋に行きます。行き方は何通りありますか。

答え

5 バスケットボールのシュートを3回続けてします。
何通りのゴールのしかたがありますか。

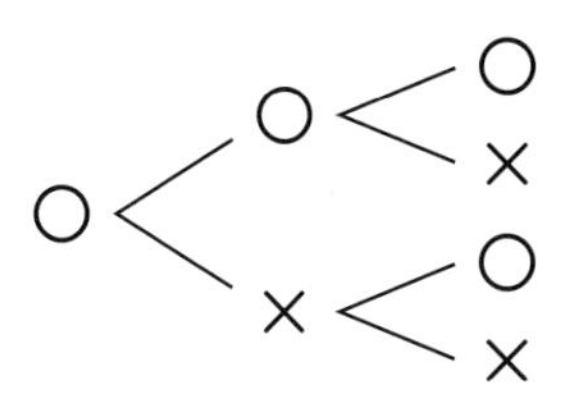

答え

並べ方と組み合わせ方

月　日
名前

1　みかん、りんご、なし、ぶどうから２種類のくだものを選びます。組み合わせを考えます。

①　図を完成させましょう。

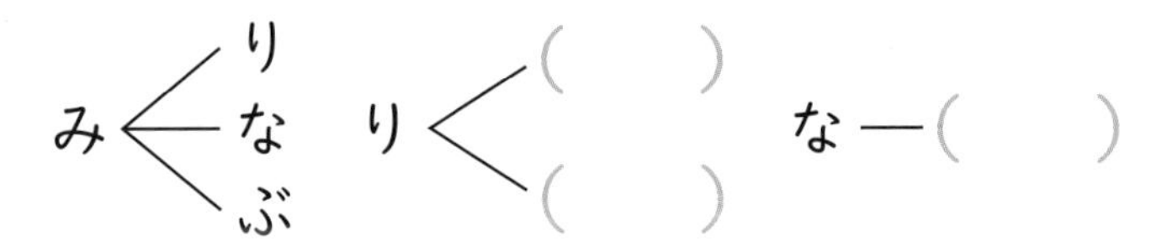

②　組み合わせは何通りありますか。次の図から考えましょう。

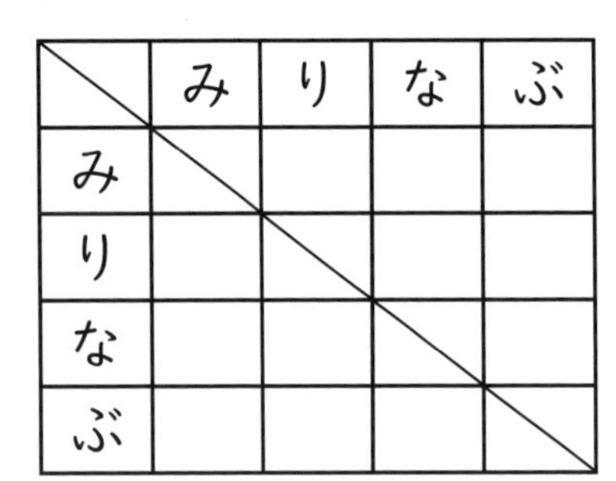

	み	り	な	ぶ
み				
り				
な				
ぶ				

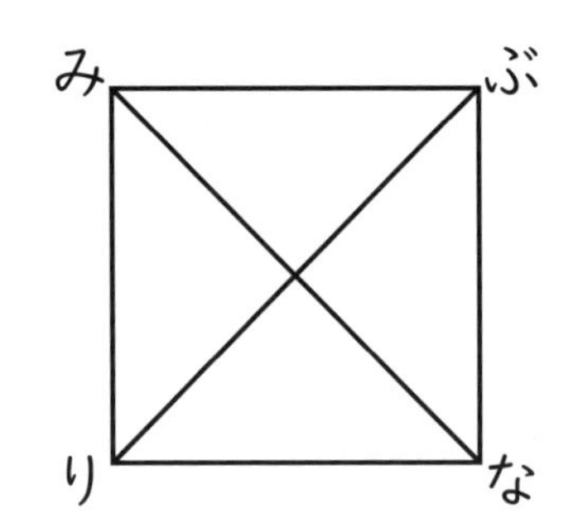

答え

2　次の４種類のおもりがあります。
このおもり２つを組み合わせてできる重さを考えましょう。

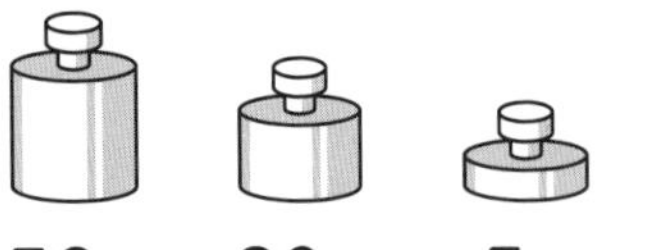

50g　20g　5g　1g

①　いちばん重い組み合わせは何 g ですか。　（　　　）

②　いちばん軽い組み合わせは何 g ですか。　（　　　）

③　全部で何通りの重さができますか。　（　　　）

3　４人の中から２人の委員を選びます。

①　保健委員と給食委員の選び方は何通りありますか。

４人をA、B、C、Dとすると

（保）（給）

A — B, C, D

B — A, C, D

答え ＿＿＿＿＿＿

②　学級委員２人の選び方は何通りありますか。

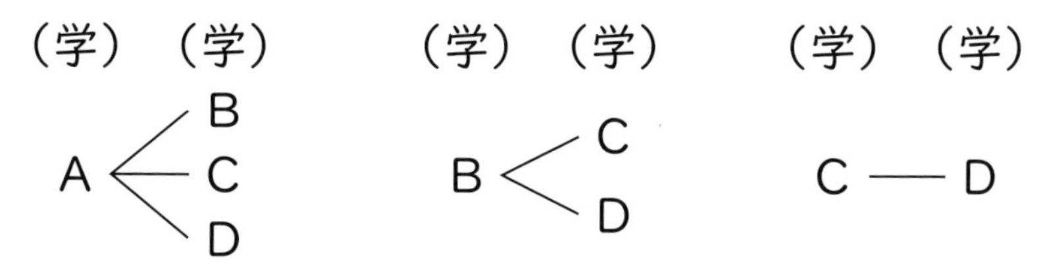

答え ＿＿＿＿＿＿

4　赤、青、黄、黒、白の５色から４色を選ぶ組み合わせは何通りあるか考えました。（　）にあてはまる数を入れましょう。

・５色から４色を選ぶということは、残りの（①　　）色を選ばないことと同じです。

・５色から１色を選ばないのは（②　　）通りなので

５色から４色を選ぶ組み合わせは（③　　）通りです。

並べ方と組み合わせ方

月　日
名前

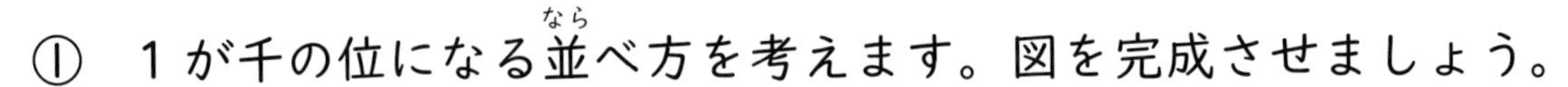

1 [1][2][3][4] のカードで４けたの整数をつくります。

① １が千の位になる並べ方を考えます。図を完成させましょう。　(3点×10)

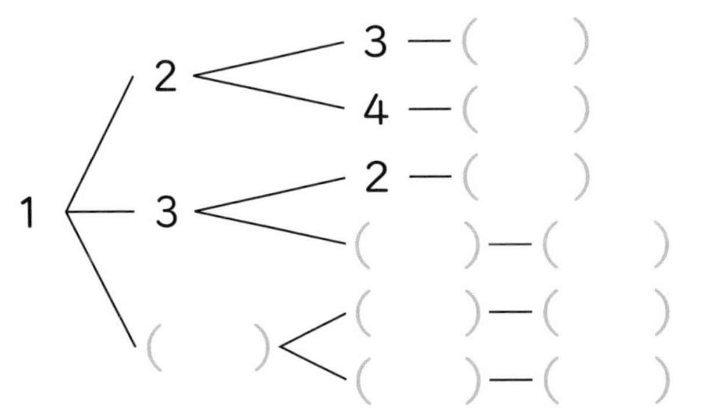

② ２が千の位になる並べ方は何通りですか。　(5点)

答え

③ ４けたの整数は何通りできますか。　(5点)

式

答え

2 A、B、Cの３人が１列に並びます。
何通りの並び方がありますか。　(5点)

A < B ― C / C ― B

答え

3 メダルを続けて３回投げます。
表と裏の出方は全部で何通りですか。　(5点)

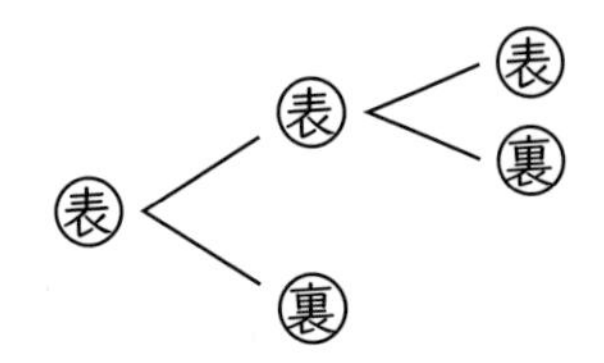

答え

4 A、B、C、D、Eの５チームが野球の試合をします。どのチームもちがったチームと１回ずつ試合をします。

① 図を完成させましょう。（10点）

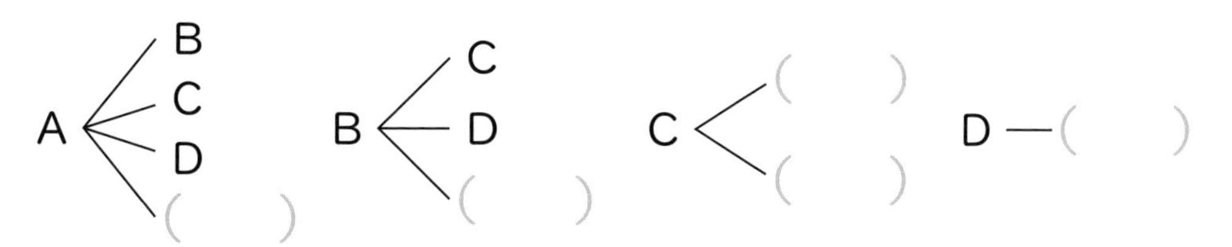

② 行われる試合に○をつけましょう。（10点）

	A	B	C	D	E
A					
B					
C					
D					
E					

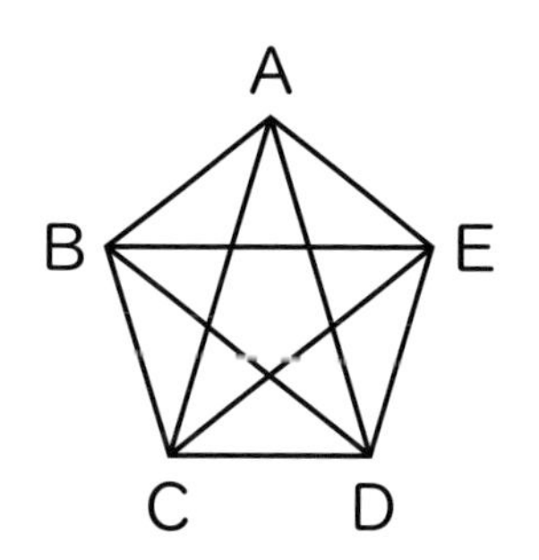

③ 全部で何試合になりますか。（10点）

答え

5 次の４種類の硬貨があります。このうち２枚（まい）を組み合わせてできる金額を考えましょう。

① いちばん高い金額は何円ですか。（5点）

（　　　）

② いちばん安い金額は何円ですか。（5点）

（　　　）

③ 全部で何通りの金額ができますか。（10点）（　　　）

資料の調べ方

月　　日
名前

1　表は１組のソフトボール投げの記録です。

①　１組の合計は何人ですか。　（10 点）

（　　　　）

②　人数がいちばん多い区切りはどこですか。　（10 点）

（　　　　）

③　中央値はどの区切りですか。（10 点）

（　　　　）

④　みおさんは 22 m投げました。遠くまで投げた順番は何番目から何番目に入りますか。　（10 点）

（　　　　）

ソフトボール投げの記録

階級（m）	1 組（人）
5 以上～ 10 未満	2
10 以上～ 15 未満	4
15 以上～ 20 未満	5
20 以上～ 25 未満	6
25 以上～ 30 未満	2
30 以上～ 35 未満	1
合計	

⑤　柱状グラフに表しましょう。　（10 点）

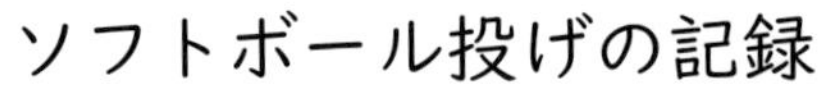

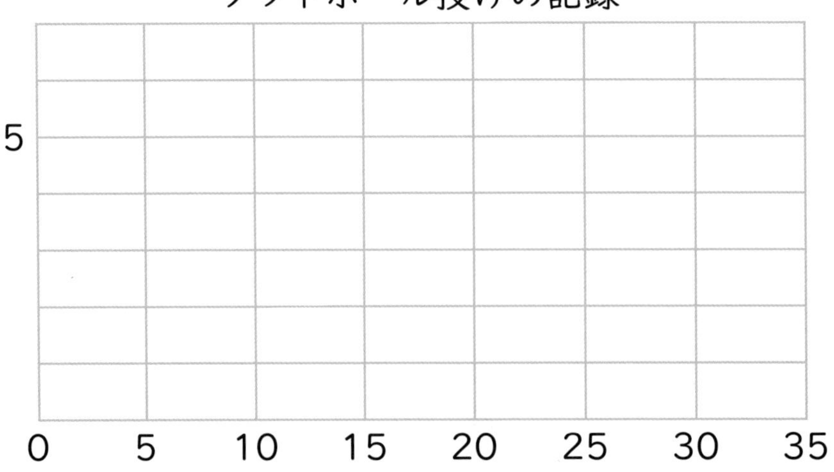

ホップ 1 2 へ！

2 表は２組の算数テストの点数です。

番号（人）	①	②	③	④	⑤	⑥	⑦	⑧	⑨	⑩	⑪	⑫
点数（点）	90	100	70	95	70	90	85	100	75	100	80	95

① 12人の合計点は1050点です。このデータの平均値を求めましょう。（10点）

式

答え

② 全体のちらばりがわかるようにデータをドットプロットに表しましょう。（10点）

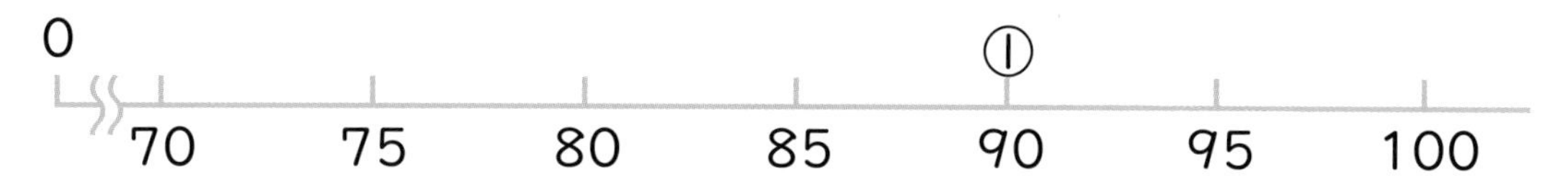

③ このデータの最ひん値と中央値を求めましょう。（10点×２）

最ひん値（　　　　）　中央値（　　　　）

④ 80点の人は全体の何％になりますか。（10点）

式

答え

ステップ 1 2 へ！

ホップ

資料の調べ方

月　　日
名前

1　表は６年生の 50 ｍ走の記録です。

６年生の 50 ｍ走の記録

階級（秒）	度数（人）
７以上～８未満	４
８以上～９未満	７
９以上～ 10 未満	５
10 以上～ 11 未満	３
11 以上～ 12 未満	２
合計	

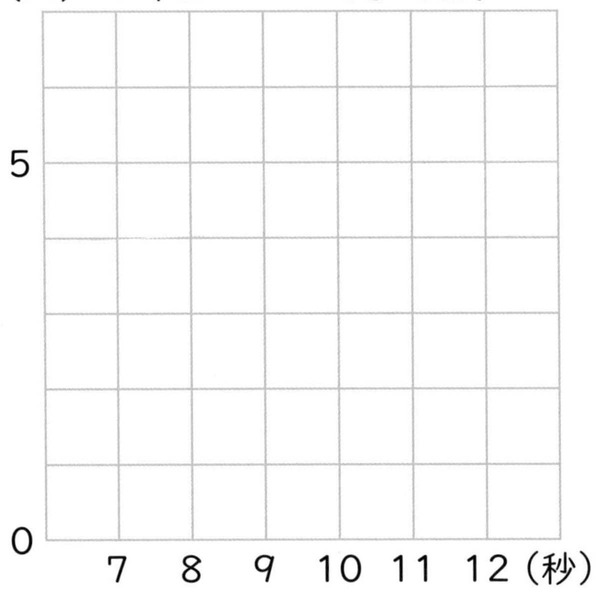

①　表をもとに柱状グラフをつくりましょう。

②　６年生の人数は何人ですか。　（　　　　）

③　人数がいちばん多い階級はどこですか。

（　　　　　　　　　　）

④　中央値はどの階級に入りますか。

（　　　　　　　　　　）

⑤　なおみさんの記録は 9.7 秒でした。速い方から数えると何番目から何番目になりますか。

（　　　　　　　　　　）

2 表は１組の通学時間です。

１組の通学時間

階級（分）	度数（人）
25 以上～ 30 未満	2
20 以上～ 25 未満	4
15 以上～ 20 未満	6
10 以上～ 15 未満	8
5 以上～ 10 未満	6
0 以上～ 5 未満	1
合計	

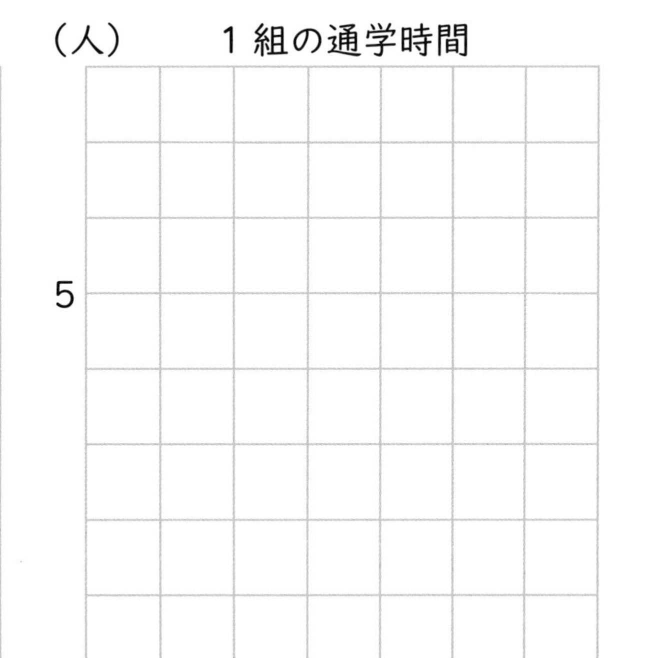

① 表をもとに柱状グラフをつくりましょう。

② １組の人数は何人ですか。（　　　）

③ 人数がいちばん多い階級はどこですか。

（　　　　　　　　）

④ 中央値はどの階級に入りますか。

（　　　　　　　　）

⑤ はるきさんの通学時間は 18 分です。学校に近い方から数えると何番目から何番目ですか。

（　　　　　　　　）

資料の調べ方

月　　日
名前

1　表は漢字テストの点数です。

漢字テストの点数（点）

番号(人)	①	②	③	④	⑤	⑥	⑦	⑧	⑨	⑩	⑪	合計
点数(点)	90	85	75	70	80	100	90	70	90	85	100	935

①　漢字テストの平均値を求めましょう。

式

答え

②　データをドットプロットで表しましょう。

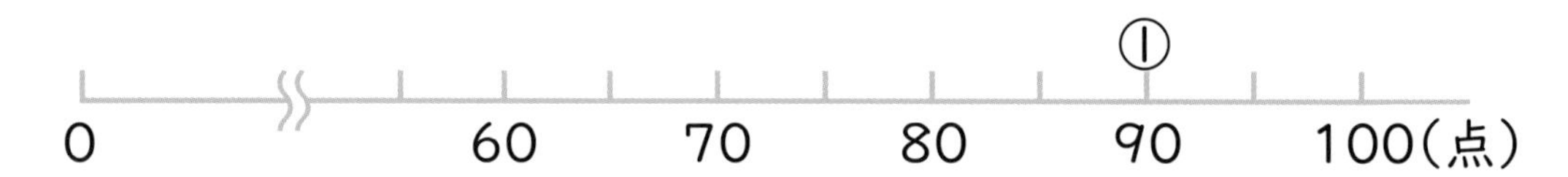

③　データをまとめて柱状グラフに表しましょう。

漢字テストの点数

階級（点）	度数（人）
95 以上～ 100	
90 以上～ 95 未満	
85 以上～ 90 未満	
80 以上～ 85 未満	
75 以上～ 80 未満	
70 以上～ 75 未満	
合計	

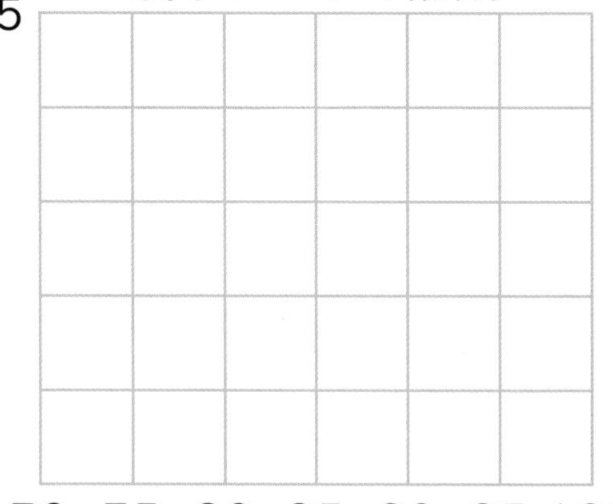

④　最ひん値と中央値を求めましょう。

最ひん値（　　　　）　中央値（　　　　）

2 データはあるクラスの読書時間です。

番号（人）	①	②	③	④	⑤	⑥	⑦	⑧	⑨	⑩	合計
時間（分）	10	0	30	20	40	0	30	15	30	15	190

① 読書時間の平均値を求めましょう。

式

答え

② データをドットプロットで表しましょう。

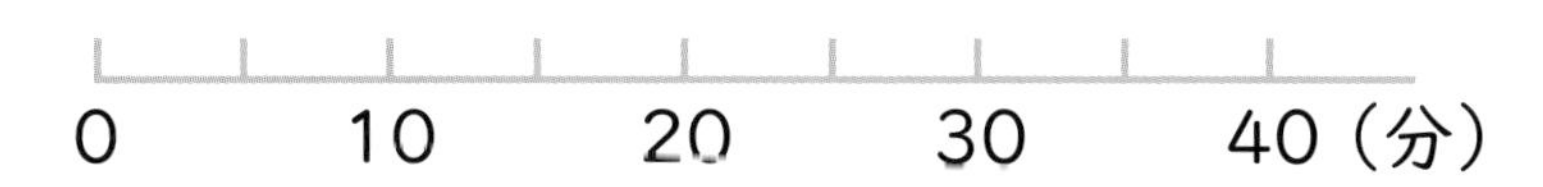

③ データをまとめて柱状グラフに表しましょう。

読書時間

階級（分）	度数（人）
0 以上～ 5 未満	
5 以上～ 10 未満	
10 以上～ 15 未満	
15 以上～ 20 未満	
20 以上～ 25 未満	
25 以上～ 30 未満	
30 以上～ 35 未満	
35 以上～ 40 未満	
40 以上～ 45 未満	
合計	

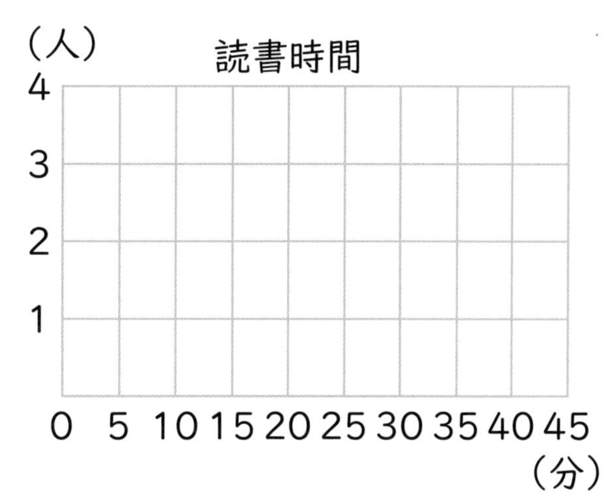

④ 最ひん値と中央値を求めましょう。

最ひん値（　　　）中央値（　　　）

⑤ 30 分以上読書をした人は全体の何％ですか。

（　　　　）

できた度
☆☆☆☆☆

資料の調べ方

月　日

名前

1 表は２組のソフトボール投げの記録です。

ソフトボール投げの記録

階級（m）	２組（人）
５以上～１０未満	１
１０以上～１５未満	５
１５以上～２０未満	７
２０以上～２５未満	６
２５以上～３０未満	４
３０以上～３５未満	２
合計	

① ２組の合計は何人ですか。（10点）

（　　　　）

② 人数がいちばん多い区切りはどこですか。（10点）

（　　　　）

③ 中央値はどの区切りですか。（10点）

（　　　　）

④ まやさんは１８ｍ投げました。遠くまで投げた順番は何番目から何番目に入りますか。（10点）

（　　　　）

⑤ 柱状グラフに表しましょう。（10点）

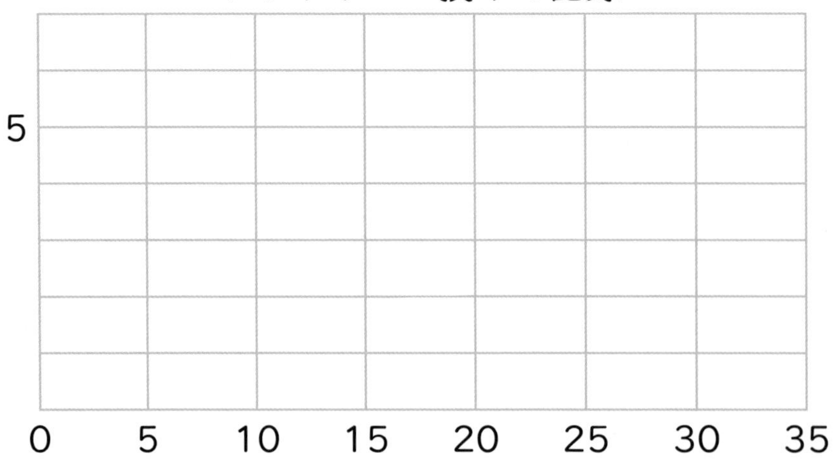

2 表は３組の国語テストの点数です。

番号（人）	①	②	③	④	⑤	⑥	⑦	⑧	⑨	⑩	⑪	⑫
点数（点）	80	90	95	90	85	80	100	90	95	85	95	95

① 12人の合計点は1080点です。このデータの平均値を求めましょう。（10点）

式

答え

② 全体のちらばりがわかるようにデータをドットプロットで表しましょう。（10点）

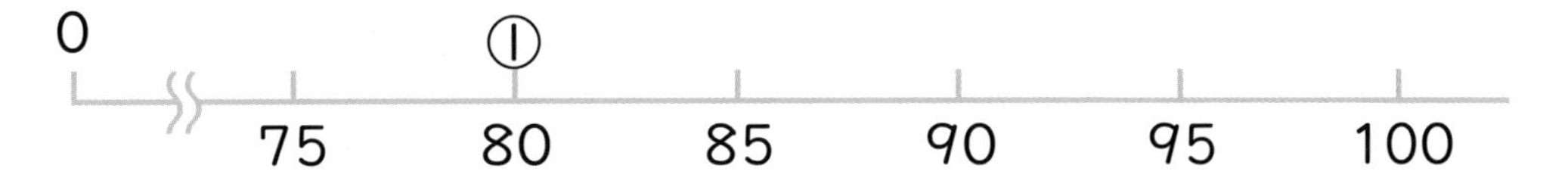

③ このデータの最ひん値と中央値を求めましょう。（10点×2）

最ひん値（　　　）　中央値（　　　）

④ 90点の人は全体の何％ですか。（10点）

式

答え

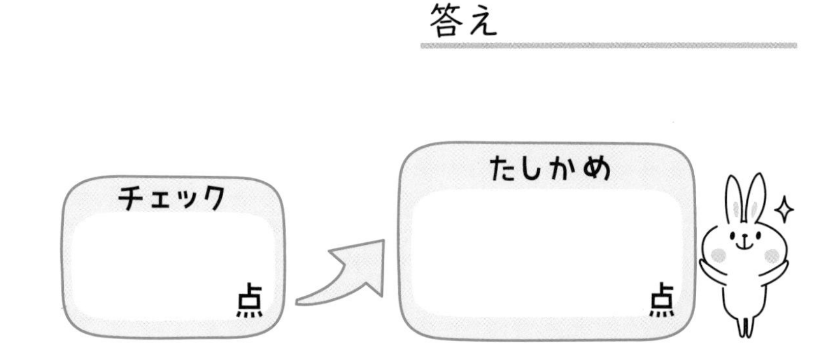

まとめ１（分数）

月　　日
名前

1 次の計算をしましょう。 (5点×4)

① $\frac{1}{4}+\frac{2}{4}$　　② $\frac{5}{7}+\frac{2}{7}$

③ $\frac{5}{8}-\frac{4}{8}$　　④ $1-\frac{5}{6}$

ホップ 3 へ！

2 次の分数を小数で表しましょう。 (5点×2)

① $\frac{3}{10}$ (　　　)　　② $\frac{12}{10}$ (　　　)

ホップ 4 へ！

3 仮分数は帯分数に、帯分数は仮分数に直しましょう。 (5点×2)

① $\frac{13}{5}$ (　　　)　　② $3\frac{1}{2}$ (　　　)

ホップ 6 7 へ！

4 次の計算をしましょう。 (5点×2)

① $1\frac{5}{7}+2\frac{3}{7}$　　② $3\frac{1}{5}-1\frac{2}{5}$

ホップ 9 へ！

5 わり算の商を分数で表しましょう。 (5点× 2)

① 1 ÷ 2 （　　　）　② 7 ÷ 8 （　　　）

6 次の小数を分数で表しましょう。 (5点× 2)

① 0.43 （　　　）　② 1.07 （　　　）

7 □にあてはまる数をかきましょう。 (5点× 2)

$$\frac{24}{36} = \frac{\square}{18} = \frac{6}{\square}$$

ステップ 2 へ!

8 次の計算をしましょう。 (5点× 4)

① $\frac{5}{6} + \frac{3}{10}$　② $\frac{11}{12} - \frac{4}{15}$

③ $\frac{7}{15} \times \frac{5}{21}$　④ $\frac{3}{5} \div \frac{6}{15}$

分割分数と量分数

Aさんと Bさんからお茶をもらえることになりました。
Aさんは自分の分の 1/2 を、Bさんは 1/5 をくれるそうです。

① どちらのお茶が多いですか。
　1 Aさん　2 Bさん　3 上の記述だけでは決められない

② 今度は、Aさんは 1/2 L、Bさんは 1/5 L あげるといいました。
　多いほうはどちらでしょうか。
　1 Aさん　2 Bさん　3 上の記述だけでは決められない

①の 1/2、1/6 を分割分数、②を量分数といいます。分割分数は全体の量がわからないと分数の大きさだけではその量の大小はわかりません。
1 L の 1/2 と 10 L の 1/6 では、1/6 のほうが量は多くなります。

ステップ 3 5 へ!

まとめ１（分数）

月　　日

名前

1　全体を１として、色のぬったところの長さを分数で表しましょう。

①（　　）　②（　　）

2　□にあてはまる数をかきましょう。

①　$1=\frac{\square}{3}$　②　$1=\frac{\square}{5}$　③　$1=\frac{\square}{7}$　④　$1=\frac{\square}{10}$

3　次の計算をしましょう。

①　$\frac{1}{7}+\frac{4}{7}$　　②　$\frac{5}{9}+\frac{2}{9}$

③　$\frac{5}{6}+\frac{1}{6}$　　④　$\frac{3}{11}+\frac{8}{11}$

⑤　$\frac{7}{8}-\frac{3}{8}$　　⑥　$\frac{11}{15}-\frac{4}{15}$

⑦　$1-\frac{5}{9}$　　⑧　$1-\frac{3}{4}$

4　次の分数を小数で表しましょう。

①　$\frac{7}{10}$（　　）　②　$\frac{21}{10}$（　　）　③　$\frac{19}{10}$（　　）　④　$\frac{17}{10}$（　　）

5　ア～ウを分数で表しましょう。

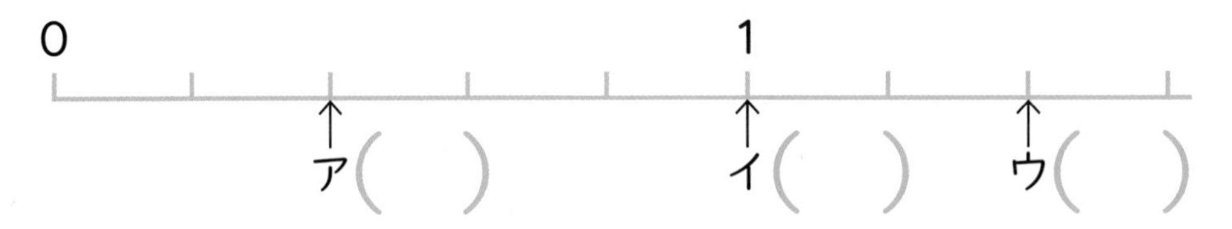

6 仮分数を帯分数か整数に直しましょう。

① $\frac{9}{4}$ (　　)　② $\frac{30}{7}$ (　　)　③ $\frac{25}{5}$ (　　)　④ $\frac{36}{6}$ (　　)

7 帯分数を仮分数に直しましょう。

① $1\frac{3}{4}$ (　　)　② $1\frac{5}{6}$ (　　)　③ $2\frac{1}{3}$ (　　)　④ $3\frac{2}{5}$ (　　)

8 □にあてはまる数をかきましょう。

① $\frac{1}{5} = \frac{\square}{10}$　② $\frac{3}{4} = \frac{\square}{16}$　③ $\frac{5}{6} = \frac{\square}{12}$

9 次の計算をしましょう。

① $1\frac{5}{8} + 2\frac{3}{8}$

② $1\frac{7}{9} + 1\frac{8}{9}$

③ $2\frac{7}{9} - 1\frac{2}{9}$

④ $1\frac{1}{5} - \frac{2}{5} = \frac{6}{5} -$

⑤ $6\frac{1}{4} - 1\frac{3}{4} = 5$

⑥ $4\frac{2}{7} - 2\frac{4}{7}$

⑦ $2 - \frac{1}{3}$

⑧ $3 - 1\frac{3}{4}$

まとめ１（分数）

月　日

名前

1 次の分数を約分しましょう。

① $\frac{2}{4}$　② $\frac{2}{6}$　③ $\frac{6}{8}$

④ $\frac{6}{9}$　⑤ $\frac{8}{12}$　⑥ $\frac{10}{15}$

2 次の分数を通分しましょう。

① $\frac{1}{4}$ $\frac{2}{3}$　② $\frac{2}{5}$ $\frac{3}{7}$

③ $\frac{1}{2}$ $\frac{1}{8}$　④ $\frac{5}{12}$ $\frac{2}{3}$

⑤ $\frac{5}{6}$ $\frac{3}{8}$　⑥ $\frac{3}{4}$ $\frac{1}{6}$

⑦ $\frac{7}{10}$ $\frac{3}{4}$　⑧ $\frac{3}{8}$ $\frac{5}{12}$

3 次の計算をしましょう。

① $\frac{1}{6}+\frac{2}{9}$　② $\frac{1}{6}+\frac{3}{10}$

③ $\frac{14}{15}-\frac{1}{10}$　④ $\frac{9}{14}-\frac{1}{6}$

4 答えが5より大きくなる式を選びましょう。

① $5 \times \frac{3}{8}$　② $5 \times \frac{9}{8}$　③ $5 \div \frac{3}{8}$　④ $5 \div \frac{9}{8}$

(　　　　　)

5 次の計算をしましょう。

① $\frac{7}{15} \times 3$　② $\frac{2}{5} \times \frac{3}{7}$

③ $\frac{8}{9} \times \frac{5}{6}$　④ $\frac{3}{10} \times \frac{5}{9}$

⑤ $\frac{3}{8} \div 6$　⑥ $\frac{3}{4} \div \frac{5}{7}$

⑦ $\frac{5}{9} \div \frac{2}{3}$　⑧ $\frac{14}{27} \div \frac{7}{9}$

まとめ１（分数）

月　　日
名前

1 次の計算をしましょう。(5点×4)

① $\frac{2}{5}+\frac{1}{5}$　　② $\frac{2}{9}+\frac{3}{9}$

③ $\frac{6}{7}-\frac{4}{7}$　　④ $1-\frac{1}{4}$

2 次の分数を小数で表しましょう。(5点×2)

① $\frac{6}{10}$ (　　　)　　② $\frac{18}{10}$ (　　　)

3 仮分数は帯分数に、帯分数は仮分数に直しましょう。(5点×2)

① $\frac{15}{2}$ (　　　)　　② $4\frac{1}{3}$ (　　　)

4 次の計算をしましょう。(5点×2)

① $2\frac{4}{9}+1\frac{7}{9}$　　② $3\frac{1}{6}-1\frac{5}{6}$

分割分数と量分数

$\frac{1}{8}$に切ったえびのピザと$\frac{1}{6}$に切ったかにのピザのどちらかをあげるといわれました。
$\frac{1}{6}$のほうが大きいと思い、いかにのピザをもらいましたが、$\frac{1}{8}$のえびのピザのほうが大きかったのです。
その理由を考えましょう。

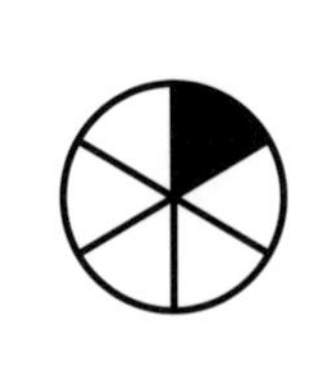
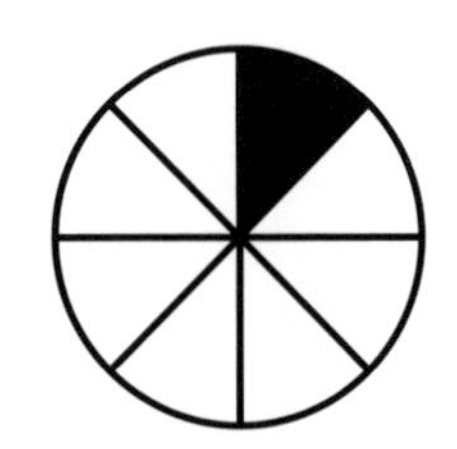

5 わり算の商を分数で表しましょう。 (5点×2)

① $2 \div 3$ (　　　　)　② $8 \div 9$ (　　　　)

6 次の小数を分数で表しましょう。 (5点×2)

① 0.39 (　　　　)　② 2.04 (　　　　)

7 □にあてはまる数を書きましょう。 (5点×2)

$$\frac{36}{48} = \frac{\square}{24} = \frac{9}{\square}$$

8 次の計算をしましょう。 (5点×4)

① $\frac{4}{15} + \frac{13}{20}$　② $\frac{5}{14} - \frac{3}{10}$

③ $\frac{3}{10} \times \frac{9}{5}$　④ $\frac{3}{8} \div \frac{9}{10}$

まとめ２（わり算）

月　日
名前

1 次の２つの問題について考えましょう。 (5点×3)

A
12個のあめを３人で同じ数ずつ分けます。１人分は何個になりますか。

B
12個のあめを１人に３個ずつ分けます。何人に分けられますか。

① 求める式を書きましょう。（　　　　）

② 次の図や式はA、Bのどちらですか。

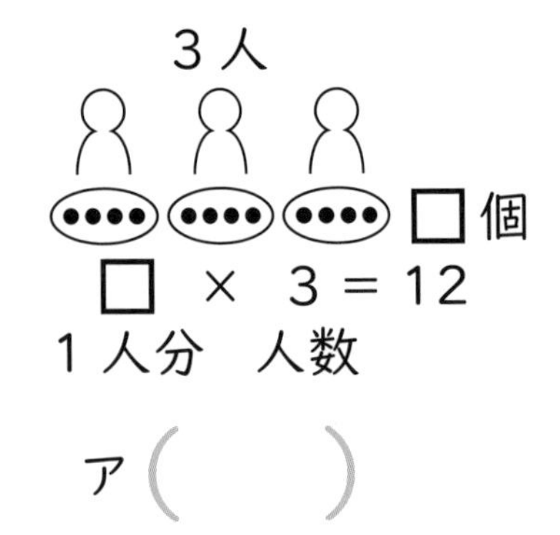

ア（　　）

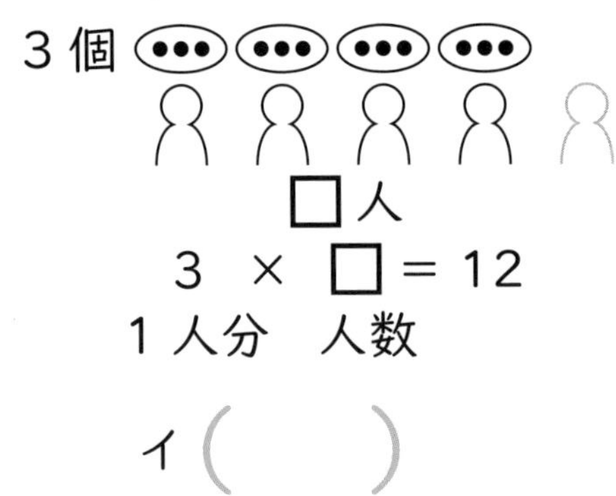

イ（　　）

2 次のわり算をしましょう。 (5点×9)

① 42 ÷ 6　② 63 ÷ 7　③ 56 ÷ 8

④ 38 ÷ 6　⑤ 59 ÷ 7　⑥ 45 ÷ 8

⑦ 41 ÷ 6　⑧ 61 ÷ 7　⑨ 55 ÷ 8

ホップ 1 へ!

同じ12÷３でも、「１人分を求める」わり算と「何人に分ける」わり算があります。
「１人分」は、みんな同じ数（４個）に分けられるので「にこにこわり算」、「何人に」は、４人に分けられて、５人目以降にはもらえないので、「ドキドキわり算」
（自分がもらえるかドキドキするから）と覚えるとわかりやすいです。

3 次の計算をしましょう。 （10点）

①

$8\overline{)368}$

②

$17\overline{)136}$

ホップ 3 へ！

4 商は一の位まで求め、あまりも出しましょう。 （10点）

①

$6\overline{)7.5}$

②

$2.3\overline{)6.3}$

ステップ 2 へ！

5 わり切れるまで計算しましょう。 （10点）

①

$4\overline{)25}$

②

$3.6\overline{)16.2}$

ステップ 3 へ！

6 商を四捨五入して上から2けたのがい数で求めましょう。 （10点）

①

$7\overline{)25}$

②

$1.4\overline{)29.9}$

ステップ 4 へ！

まとめ２（わり算）

月　日
名前

1 次の計算をしましょう。

① $54 \div 9$　② $64 \div 8$　③ $36 \div 6$

④ $42 \div 7$　⑤ $28 \div 4$　⑥ $40 \div 8$

⑦ $18 \div 8$　⑧ $37 \div 7$　⑨ $49 \div 6$

⑩ $37 \div 5$　⑪ $55 \div 6$　⑫ $74 \div 9$

⑬ $52 \div 6$　⑭ $53 \div 7$　⑮ $51 \div 8$

⑯ $31 \div 4$　⑰ $63 \div 8$　⑱ $43 \div 9$

2 次の計算をしましょう。

① $3\overline{)45}$　② $5\overline{)534}$　③ $4\overline{)803}$

④ $18\overline{)756}$　⑤ $25\overline{)800}$　⑥ $39\overline{)624}$

3 次の計算をしましょう。

① $38 \overline{)30.4}$

② $92 \overline{)55.2}$

③ $57 \overline{)79.8}$

④ $42 \overline{)94.5}$

4 次の計算をしましょう。

① $60 \div 30$

② $200 \div 40$

③ $90 \div 20$

④ $260 \div 70$

⑤ $500 \div 80$

⑥ $400 \div 60$

できた度

☆☆☆☆☆

まとめ２（わり算）

月　日
名前

1 次の計算をしましょう。

①
$7\overline{)15.4}$

②
$1.6\overline{)9.6}$

③
$4.8\overline{)8.16}$

2 商は一の位まで求め、あまりも出しましょう。

①
$5\overline{)6.2}$

②
$12\overline{)25.9}$

③
$24\overline{)37.5}$

④
$1.7\overline{)21.5}$

⑤
$3.2\overline{)76.2}$

⑥
$4.5\overline{)82.7}$

3 わり切れるまで計算しましょう。

①

$6\overline{)9}$

②

$1.2\overline{)1.8}$

③

$8\overline{)10}$

④

$7.2\overline{)5.4}$

4 商を四捨五入して上から２けたのがい数で求めましょう。

①

$7\overline{)13}$

②

$42\overline{)94.7}$

③

$2.3\overline{)4.34}$

④

$9.2\overline{)28.7}$

まとめ２（わり算）

月　日
名前

1　次の２つの問題について考えましょう。　(5点×3)

A
６個のあめを１人に２個ずつ分けます。何人に分けられますか。

B
６個のあめを２人で同じ数ずつ分けます。１人分は何個になりますか。

①　求める式をかきましょう。　(　　　　)

②　次の図や式はA、Bのどちらですか。

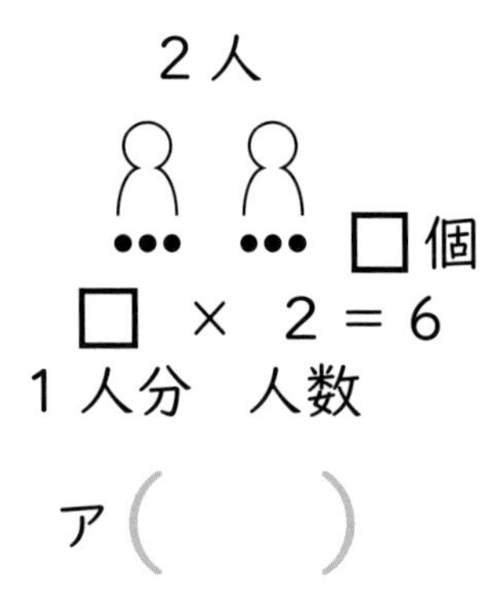

ア(　　)

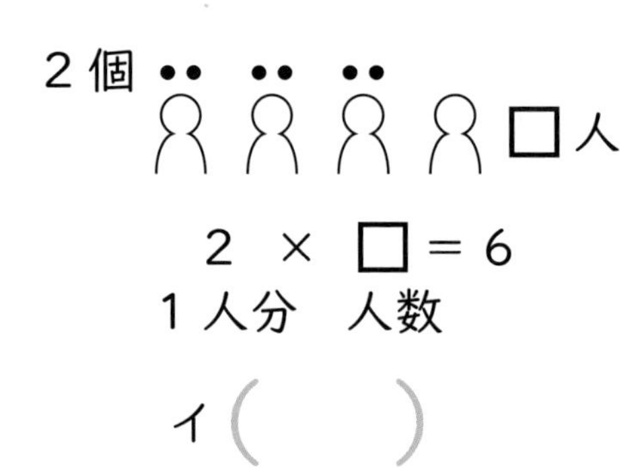

イ(　　)

2　次の計算をしましょう。　(5点×9)

①　$64 \div 8$　②　$72 \div 9$　③　$56 \div 7$

④　$75 \div 9$　⑤　$64 \div 7$　⑥　$45 \div 8$

⑦　$52 \div 7$　⑧　$52 \div 8$　⑨　$35 \div 9$

3 次の計算をしましょう。 (10点)

① $6\overline{)576}$

② $43\overline{)344}$

4 商は一の位まで求め、あまりも出しましょう。 (10点)

① $4\overline{)9.1}$

② $1.2\overline{)8.8}$

5 わり切れるまで計算しましょう。 (10点)

① $8\overline{)10}$

② $2.4\overline{)5.4}$

6 商を四捨五入して上から2けたのがい数で求めましょう。 (10点)

① $6\overline{)8}$

② $5.2\overline{)22.2}$

まとめ３（図形）

月　　日
名前

1 次の図形や立体の名前を下から選びましょう。 (5点×6)

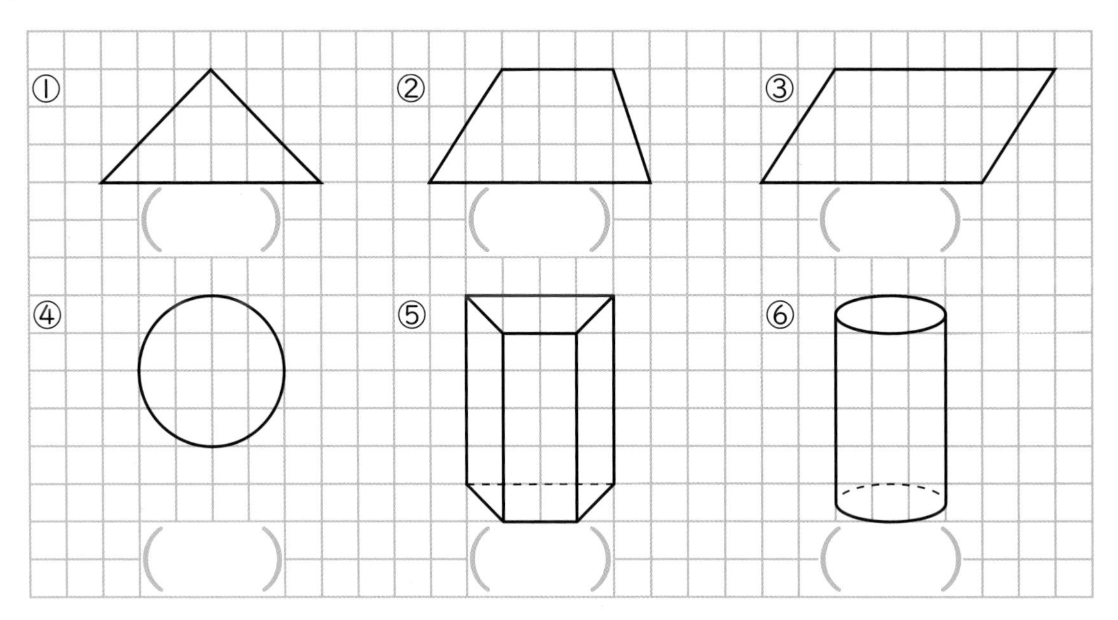

㋐正三角形　㋑二等辺三角形　㋒台形　㋓平行四辺形
㋔円　㋕円柱　㋖三角柱　㋗四角柱　㋘球

ホップ 1 へ!

2 次の図形の面積を求める式をかきましょう。 (5点×4)

①
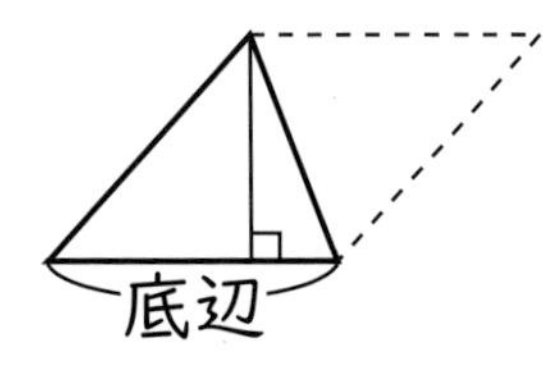

(　　　　　　)

②
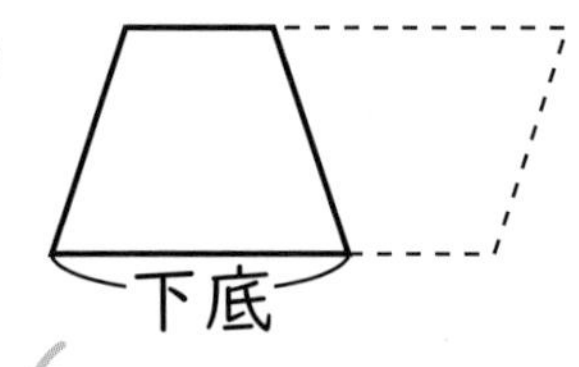

(　　　　　　)

③
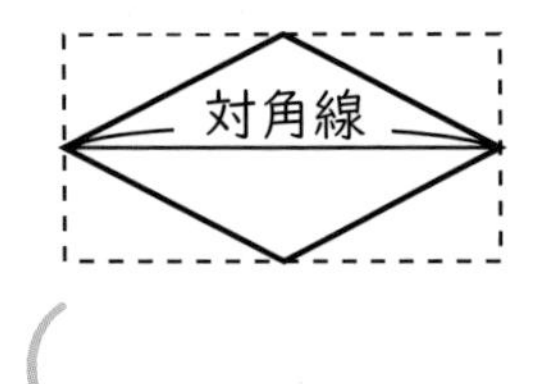

(　　　　　　)

④
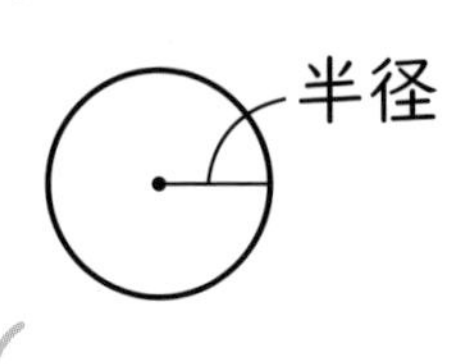

(　　　　　　)

ホップ 2 へ!

3　（　）に入る名前や言葉を下から選びましょう。（同じ記号を使うこともあります）　(3点×10)

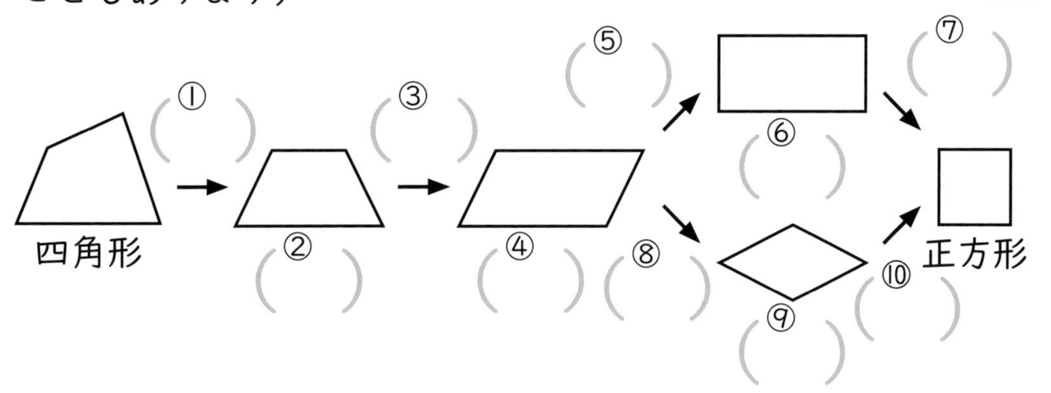

㋐　４つの辺の長さを等しくする		㋑　４つの角を直角にする	
㋒　１組の辺を平行にする		㋓　２組の辺を平行にする	
㋔　長方形	㋕　台形	㋖　ひし形	㋗　平行四辺形

ステップ 1 へ！

4　次の直方体について答えましょう。　(5点×4)

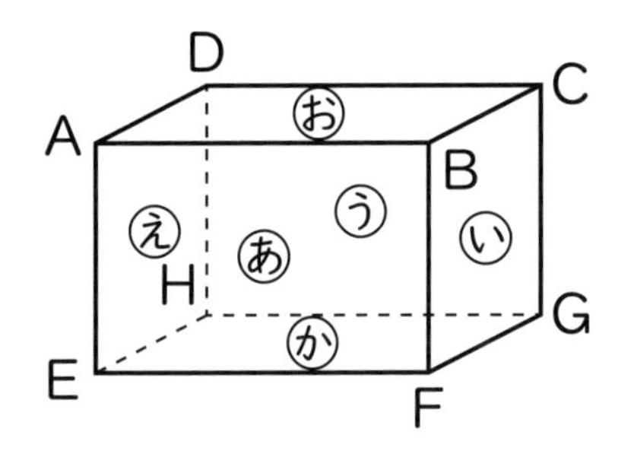

① 面あに平行な面はどれですか。

（　　　）

② 面あに垂直な面を全部書きましょう。

（　　　）

③ 辺ＡＢに平行な辺を全部かきましょう。

（　　　）

④ 辺ＡＢに垂直な辺を全部かきましょう。

（　　　）

ステップ 3 へ！

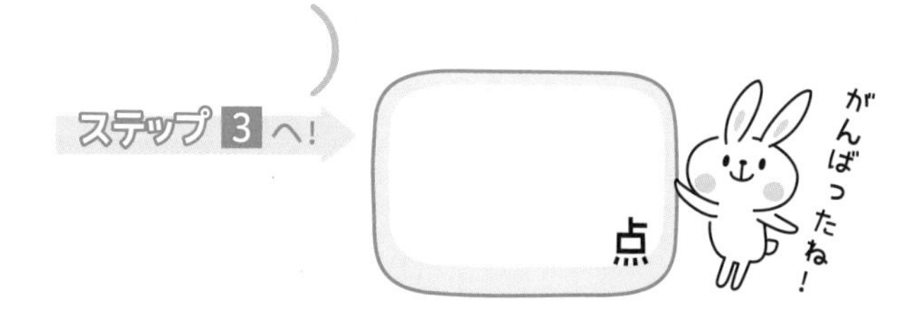

まとめ３（図形）

月　　日
名前

1　次の図形や立体とその求める式があうように線で結びましょう。

①　平行四辺形 ●		● （上底＋下底）×高さ÷２
②　三角形 ●		● 底辺×高さ
③　台形 ●		● 底辺×高さ÷２
④　ひし形 ●		● 底面積×高さ
⑤　円 ●		● 対角線×対角線÷２
⑥　角柱・円柱 ●		● 半径×半径×円周率

2　面積や体積を求めましょう。

①

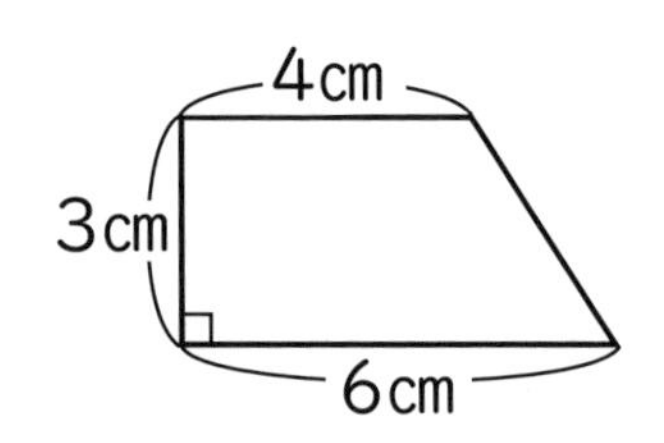

式

答え

②

4cm
6cm

式

答え

③

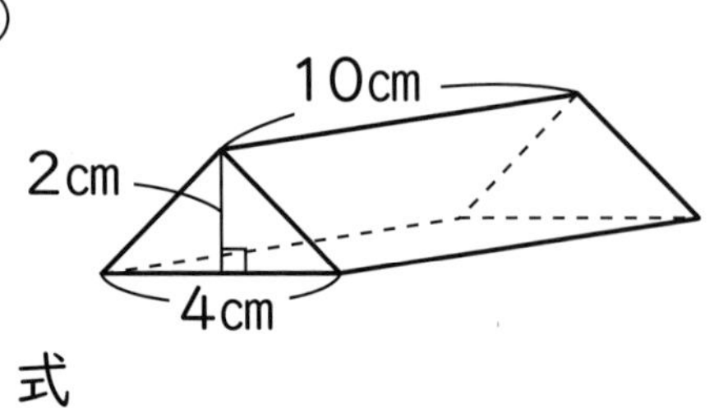

式

答え

④

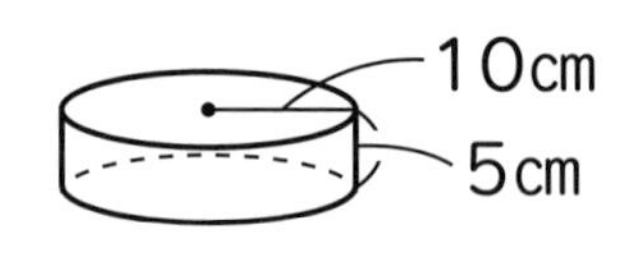

式

答え

3　○の数を求めましょう。

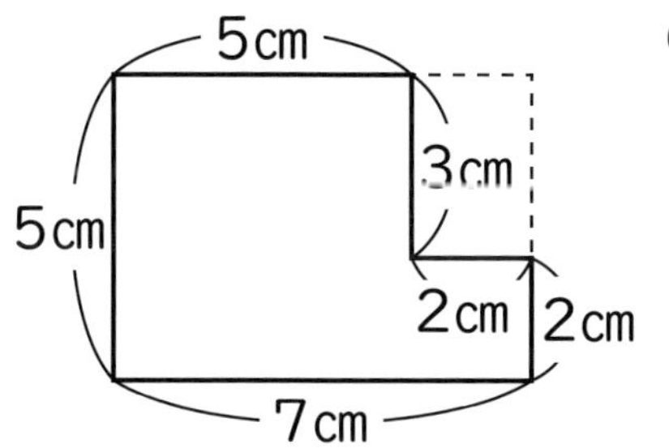

①　２つに分けて○の数を求めましょう。

式

答え

②　全体からひく方法で○の数を求めましょう。

式

答え

4　次の図形の面積を求めましょう。

①　２つに分けて求めましょう。

式

答え

②　全体からひく方法で面積を求めましょう。

式

答え

5　次の立体の体積を求めましょう。

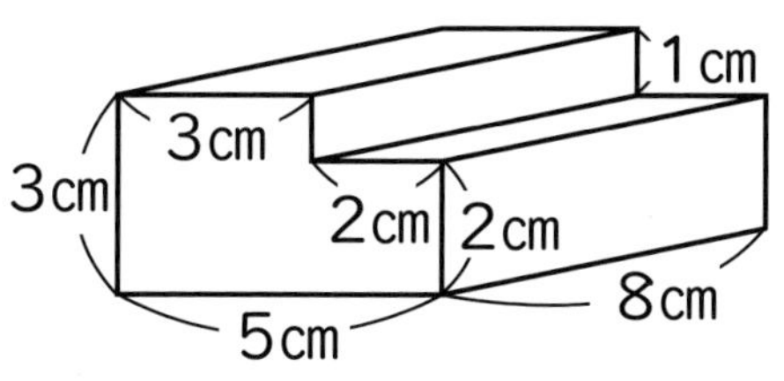

①　２つに分けて求めましょう。

式

答え

②　全体からひく方法で面積を求めましょう。

式

答え

まとめ３（図形）

月　　日
名前

1　四角形の特ちょうを表にまとめました。１～６の特ちょうがいつでもあてはまるものに○をつけましょう。

		台形	平行四辺形	ひし形	長方形	正方形
1	４つの辺の長さがすべて等しい					
2	４つの角がすべて直角である					
3	向かい合った２組の辺が平行である					
4	２本の対角線が垂直である					
5	２本の対角線の長さが等しい					
6	２本の対角線がそれぞれ真ん中の点で交わる					

2　多角形の角の大きさの和はいくつかの三角形に分けて求めることができます。

① 五角形は何個の三角形に分けられますか。

（　　　　）

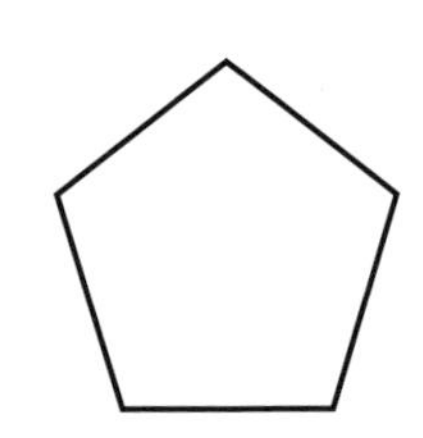

② 五角形の角の大きさの和は何度ですか。

（　　　　）

③ 六角形の角の大きさの和は何度ですか。（　　　　）

3 次の直方体について答えましょう。

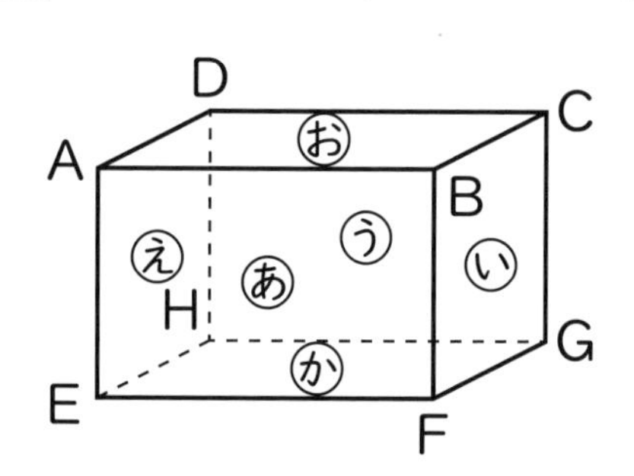

① 面いに平行な面はどれですか。

(　　)

② 面いに垂直な面を全部書きましょう。

(　　　　　　　　)

③ 辺ＢＦに平行な辺を全部書きましょう。

(　　　　　　　　)

④ 辺ＢＦに垂直な辺を全部書きましょう。

(　　　　　　　　)

⑤ 面いに平行な辺は、面いに平行な面にある４つの辺です。全部書きましょう。

(　　　　　　　　)

4 次の展開図(てんかいず)を組み立てます。

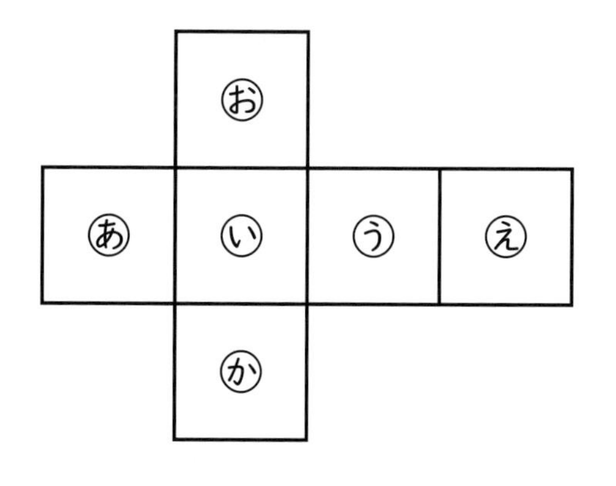

① この展開図を組み立ててできる立体は何ですか。

(　　　　　)

② 面いに垂直な面はどれですか。

(　　　　　)

③ 面いに平行な面はどれですか。

(　　)

まとめ３（図形）

月　　日
名前

1　次の図形や立体の名前を下から選びましょう。（5点×6）

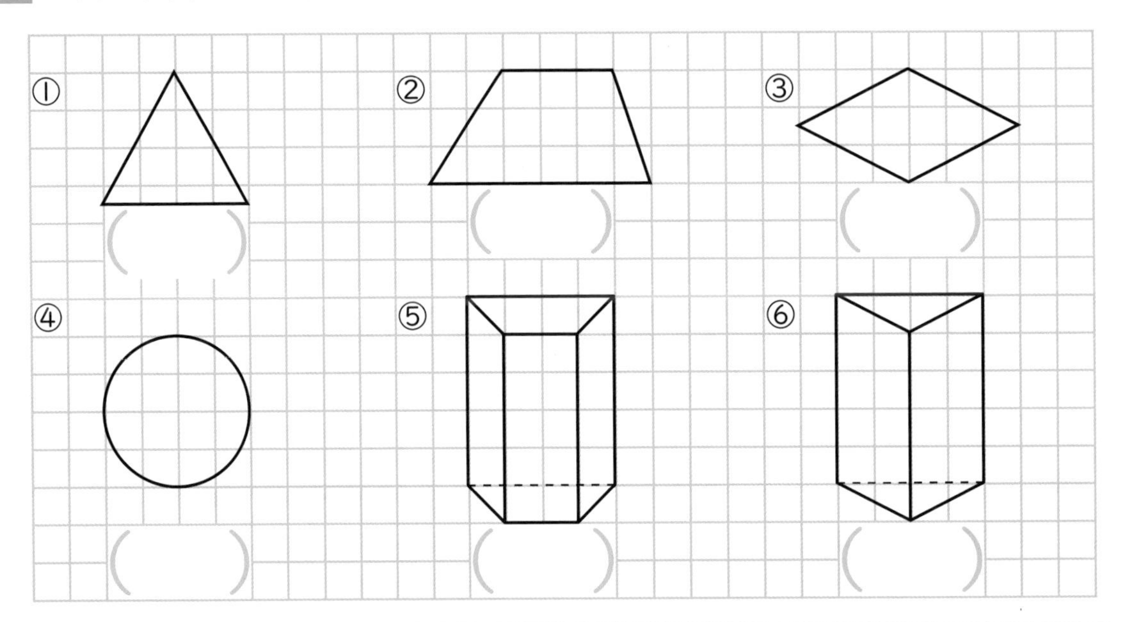

㋐正三角形　㋑二等辺三角形　㋒台形　㋓ひし形
㋔円　㋕円柱　㋖三角柱　㋗四角柱　㋘球

2　次の図形の面積を求めましょう。（5点×4）

①
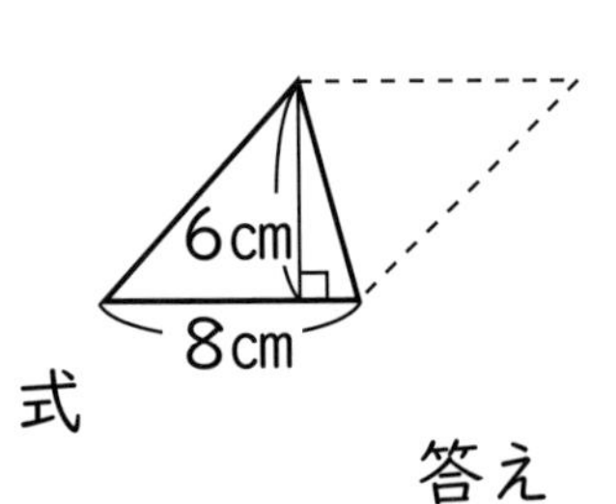

式

答え

②
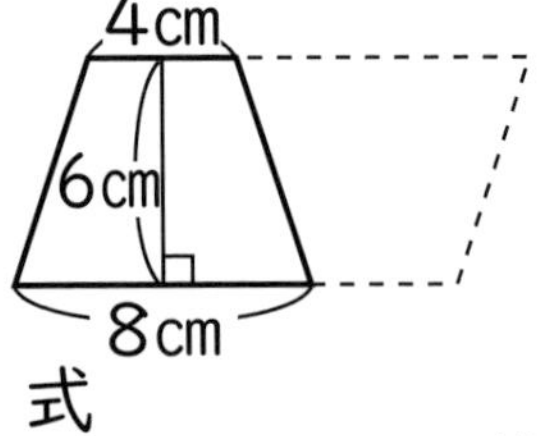

式

答え

③
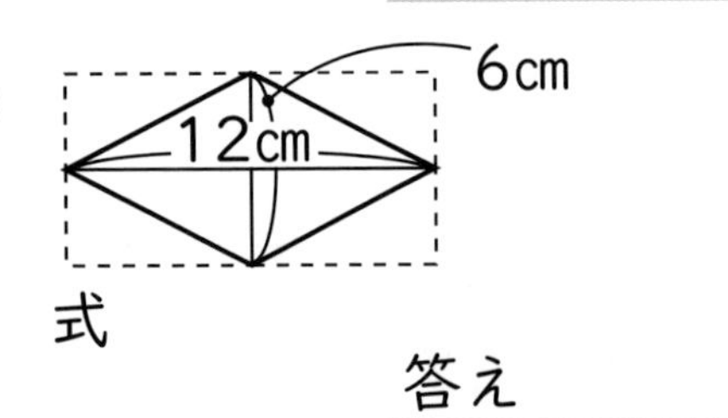

式

答え

④
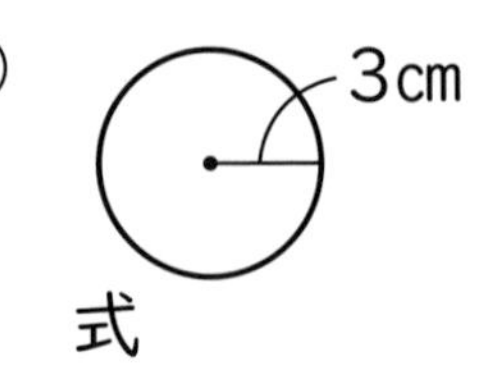

式

答え

3　(　　)に入る名前や言葉を下から選びましょう。(同じ記号を使うこともあります)　(3点×6)

〔　　〕に図形の名前を書きましょう。　(3点×4)

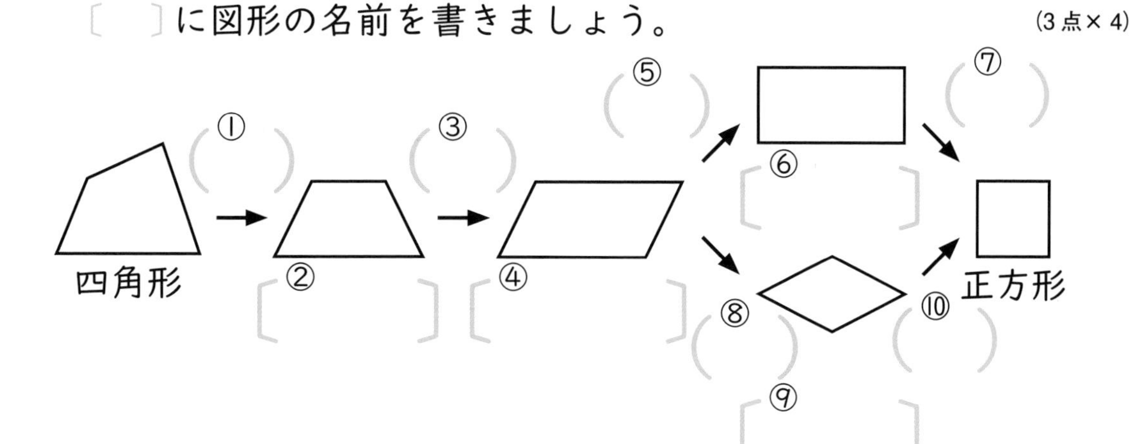

㋐　4つの辺の長さを等しくする	㋑　4つの角を直角にする
㋒　1組の辺を平行にする	㋓　2組の辺を平行にする

4　次の直方体について答えましょう。　(5点×4)

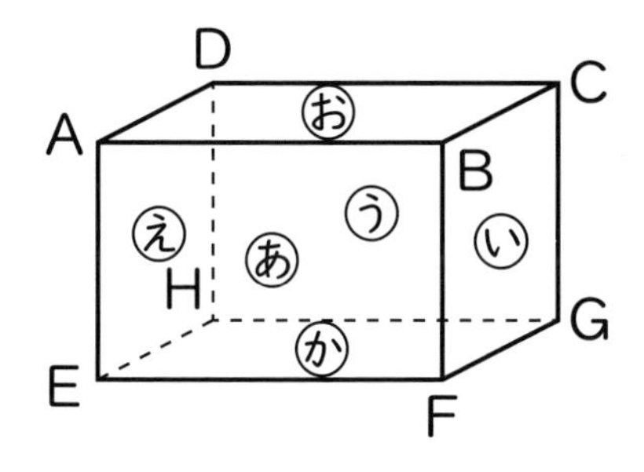

①　面㋕に平行な面はどれですか。

(　　　)

②　面㋕に垂直な面を全部書きましょう。

(　　　)

③　辺AEに平行な辺を全部書きましょう。

(　　　)

④　辺AEに垂直な辺を全部書きましょう。

(　　　)

発展問題（対称の図形）

月　　日
名前

1 線対称な図形をかきましょう。

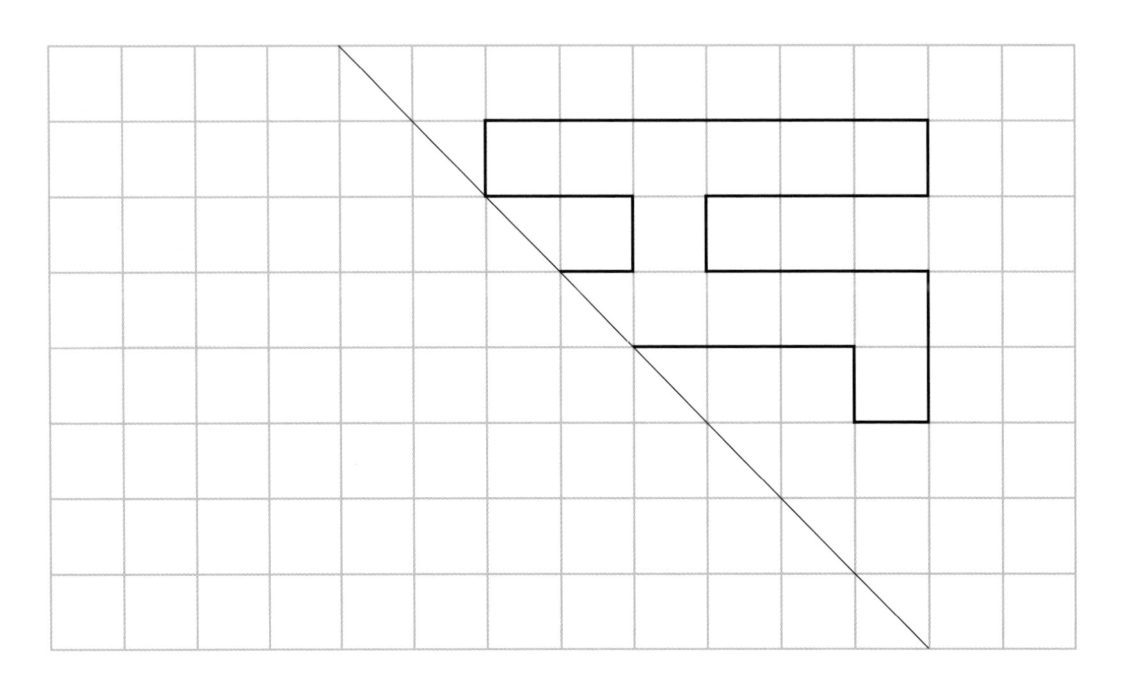

2 図形の面積が 20cm^2 になる点対称な図形をかきましょう。

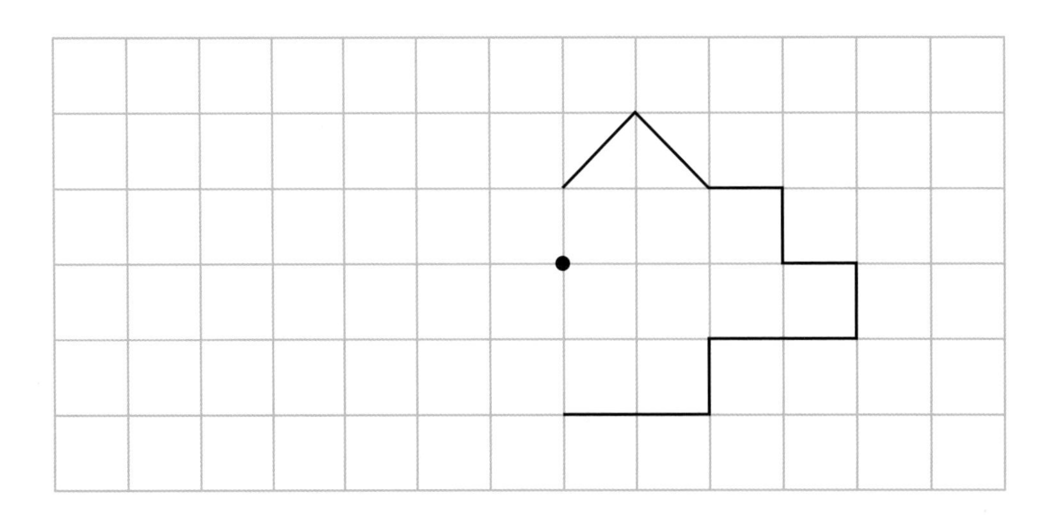

発展問題（文字と式）

月　日

名前

1 xを求めましょう。

① $x + 5 = 8$

② $x - 9 = 11$

③ $x \times 5 = 25$

④ $x \div 7 = 4$

⑤ $x \times 2 + 5 = 15$

⑥ $x \times 3 - 6 = 9$

2 Aさんが次のような問題をつくりました。
ある整数を4倍して16をひくと34になりました。
ある数をxとします。

① 正しい式は次のどれですか。

㋐ $4 \times x + 16 = 34$　　㋑ $x \times 4 - 16 = 34$
㋒ $(x - 16) \times 4 = 34$

（　　　）

② Bさんは A さんがつくった問題を見て「この問題は変なところがあるよ」といいました。どこが変なのでしょうか。説明しましょう。

発展問題（比）

月　日
名前

1　1200 円の本をわたしと妹が 3：2 になるようにお金を出して買います。わたしと妹はそれぞれ何円お金を出しますか。

式

答え

2　色紙のたばを姉とわたしで 7：4 になるように分けたら、姉のほうが 15 枚（まい）多くなりました。色紙は全部で何枚ありましたか。

式

答え

3　7000 円を兄とわたしが 5：4、わたしと弟が 3：2 になるように分けます。3 人はそれぞれ何円になりますか。

式

答え

発展問題（拡大図と縮図）

月　　日
名前

1 東京スカイツリーを 500 mはなれた高さ 135 mのビルの屋上から見ると、タワーの先が45度のところに見えるそうです。$\frac{1}{10000}$の縮図をかいて東京スカイツリーのおよその高さを求めましょう。

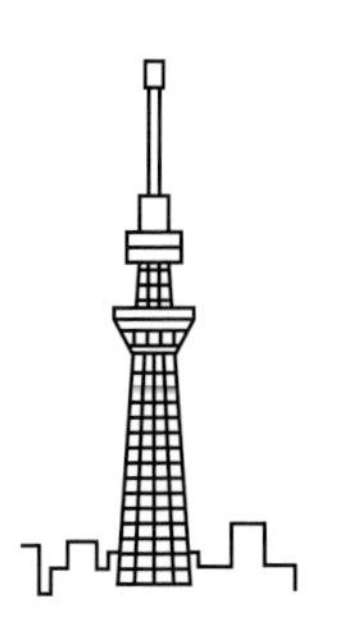

答え

2 次の表の空らんに数を入れましょう。

実際の長さ	①	2km	10km
縮図上の長さ	5cm	②	10cm
縮　尺	$\frac{1}{10000}$	$\frac{1}{50000}$	③

発展問題（円の面積）

月　日

名前

★ 色のついた部分の面積を求めましょう。

①

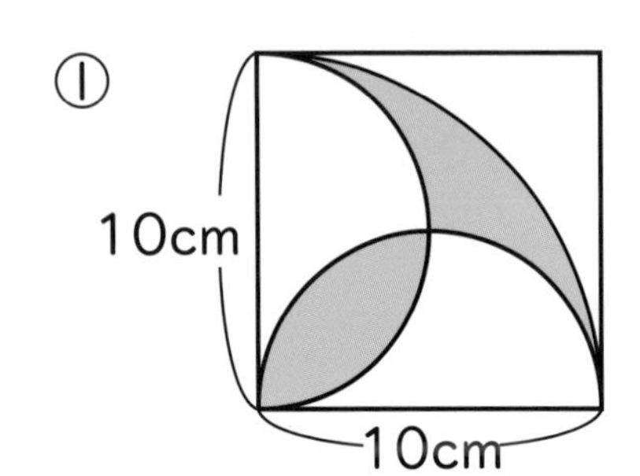

答え

②

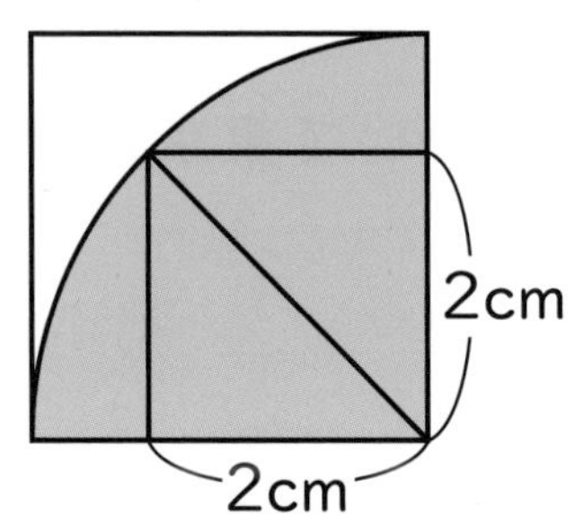

★正方形の面積は $4cm^2$。この正方形をひし形と考えると対角線×対角線÷2＝4になり、対角線はおうぎ形の半径だから…

答え

③

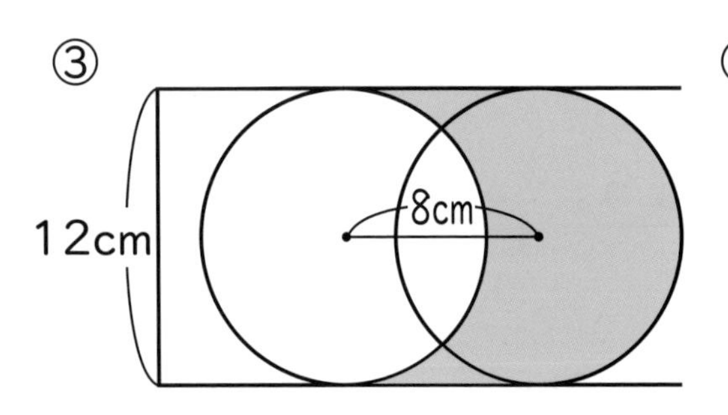

答え

④

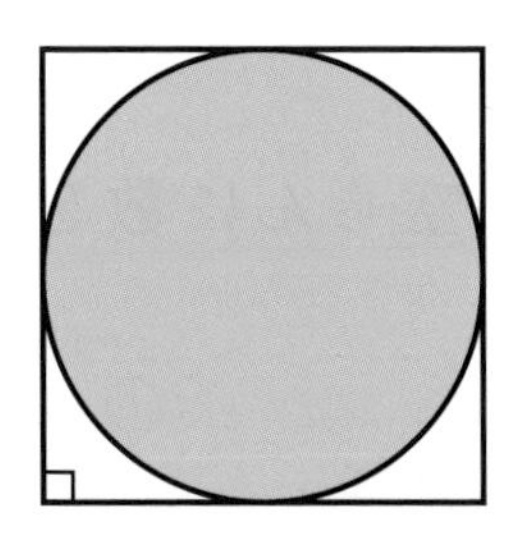

正方形の面積は $40cm^2$

★正方形の１辺と円の直径は等しいので、直径×直径＝40になります。

答え

発展問題
（角柱・円柱の体積）

月　日
名前

1　底面の半径が 5cm、高さが 10cm の円柱の容器に水を入れて、下の図のようにかたむけます。入っている水の体積は何 cm^3 ですか。

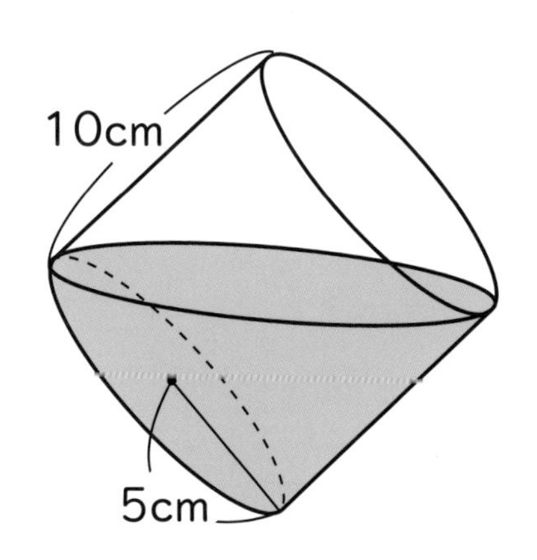

式

答え

2　次の直方体を下の図のようにかたむけました。
入っている水の体積は何 cm^3 ですか。

式

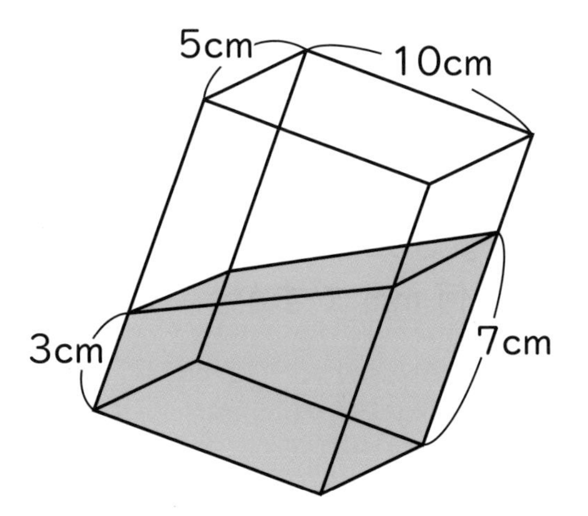

答え

発展問題（比例・反比例）

月　日

名前

1 鉄板の面積を求めます。重さをはかると 75g ありました。同じ種類で 1 辺 10cm の正方形の鉄板の重さをはかると、15g でした。鉄板の面積は何 cm^2 ですか。

式

答え

2 くぎがたくさんあります。そのくぎの重さをはかったら 270g ありました。そのくぎ 10 本の重さを量ると 15g でした。このくぎは全部で何本あるでしょうか。

式

答え

3 紙 1 枚（まい）の厚さを知りたいと思いました。300 枚の紙の厚さをはかると 24mm ありました。1 枚の厚さは何 mm ですか。

式

答え

発展問題（比例・反比例）

月　　日
名前

1　A市からB市まで、時速60kmで走ると2時間かかりました。同じ道を時速80kmで走ると、何時間かかりますか。

式

答え

2　3人ですると10日間かかる仕事があります。
この仕事を5人ですると何日間かかりますか。

式

答え

3　6人で1日8時間はたらいて10日かかる仕事があります。

①　この仕事を10人で1日8時間はたらくと何日間かかりますか。

式

答え

②　この仕事を12人で8日間で終わるには、1人1日何時間はたらけばいいですか。

式

答え

発展問題（並べ方と組み合わせ方）

月　日
名前

1　ある大会で16チームがA、B、C、Dの４つのグループに分かれて１試合ずつ予選リーグを戦います。（総あたり戦）
それぞれのグループの上位２チーム、計８チームが決勝トーナメントに進出し、優勝を決めます。３位決定戦をふくめて全部で何試合することになりますか。

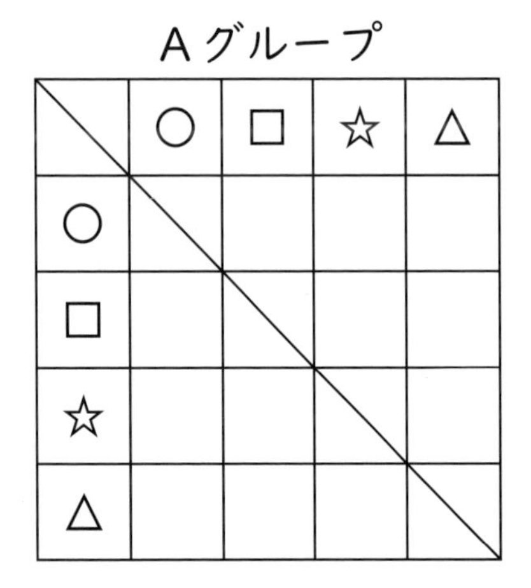

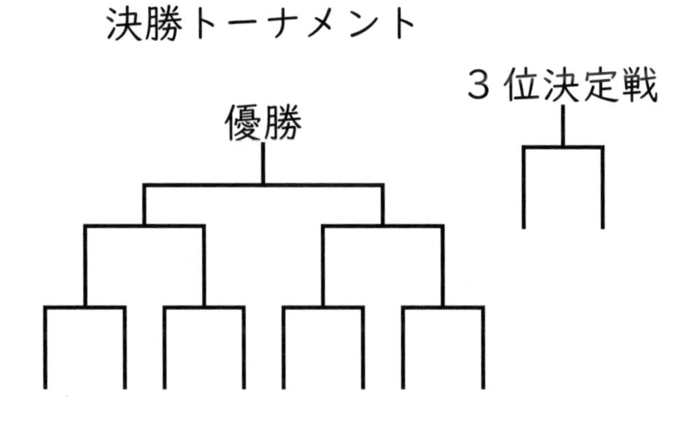

答え

2　0 1 2 3 の４枚（まい）のカードで４けたの整数をつくります。

①　全部でいくつの整数ができますか。

答え

②　そのうち偶数の整数はいくつですか。

答え

発展問題（並べ方と組み合わせ方）

月　日

名前

★ りんご、みかん、いちご、なし、ももの５種類があります。

① この中から、１種類を選ぶとき、選び方は何通りありますか。

答え

② この中から、２種類を選ぶとき、選び方は何通りありますか。

答え

③ この中から、３種類を選ぶとき、選び方は何通りありますか。

答え

④ この中から、４種類を選ぶとき、選び方は何通りありますか。

答え

発展問題（資料の調べ方）

月　　日

名前

★　右の柱状グラフは、6年女子の50m走の記録です。

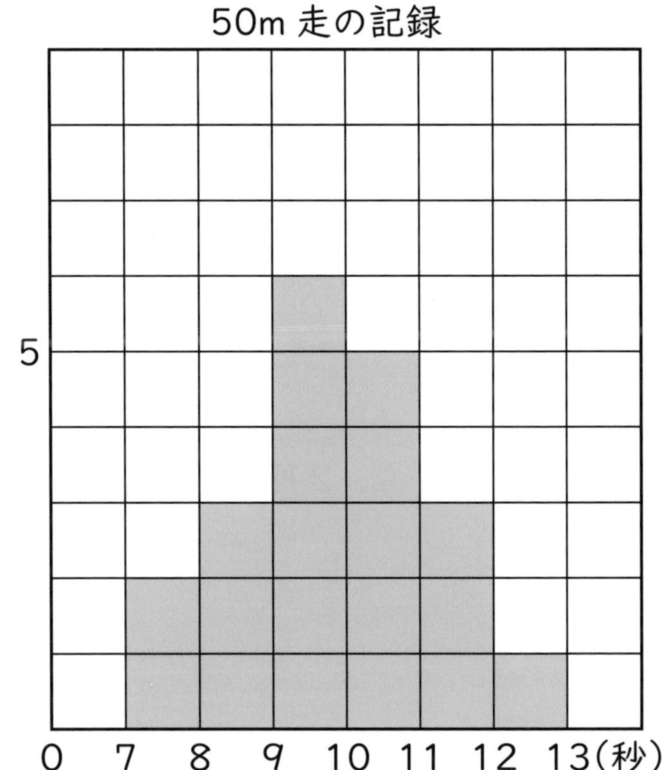

① 記録は何人分ですか。

答え

② 人数が最も多いのは何秒以上、何秒未満の階級ですか。

答え

③ 中央値の入る階級はどこですか。

答え

④ みゆきさんの記録は、9.5秒でした。速い人の方から数えて何番目から何番目に入りますか。

答え

こた
答え

対称な図形

p.4 チェック

1 ① 線　② 点　③ 線　④ 点

2

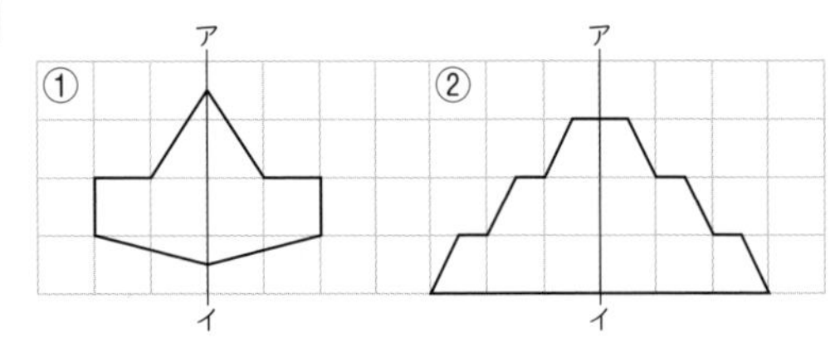

3 ① 3cm　② 45°　③ 直角

4 ①

正三角形

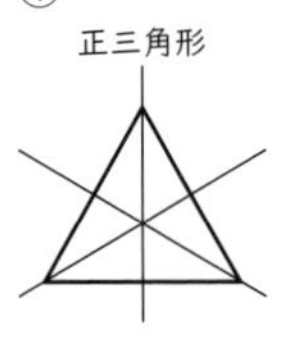

正方形

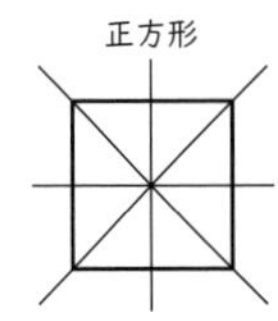

正五角形

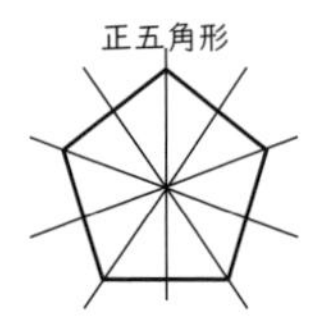

② 正方形

5

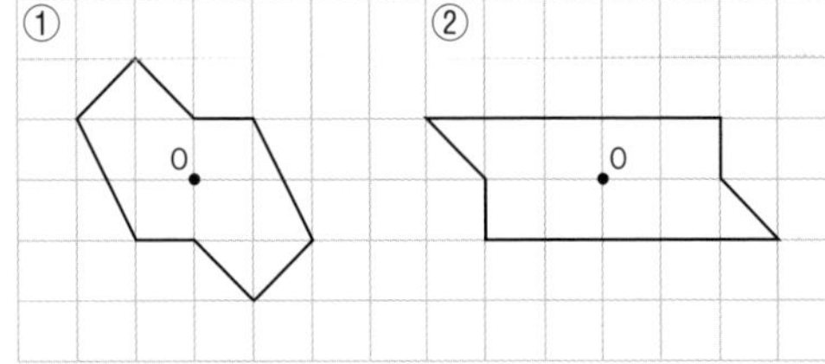

6 ① 点E、点F
② 辺FG
③ 角H

p.6 ホップ

1 ① 線　② ×　③ 線　④ 線
⑤ 線　⑥ ×　⑦ ×　⑧ ◎
⑨ ◎　⑩ ×　⑪ ×　⑫ ×
⑬ 線　⑭ 点　⑮ ◎　⑯ ×
⑰ ×　⑱ ×

2 ① ㋐　② ㋒　③ ㋓　④ ㋔
⑤ ㋖

3 ① 二等辺三角形　② 正三角形　③ 長方形　④ 正方形

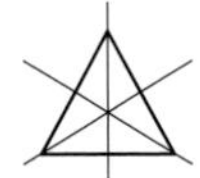

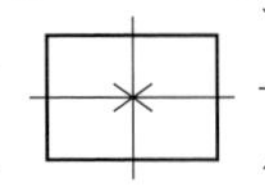

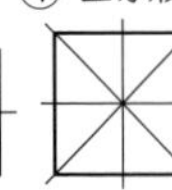

4

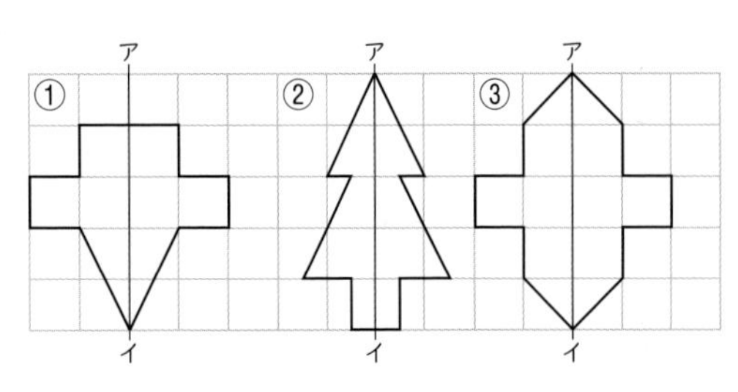

5 ① 2cm　② 135°　③ 直角　④ 2.5cm

p.8 ステップ

1 ① ㋐　② ㋓　③ ㋕

2 ①

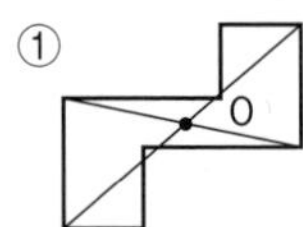

②

3 ① 辺FA　② 4cm
③ 60°　④ DO

4

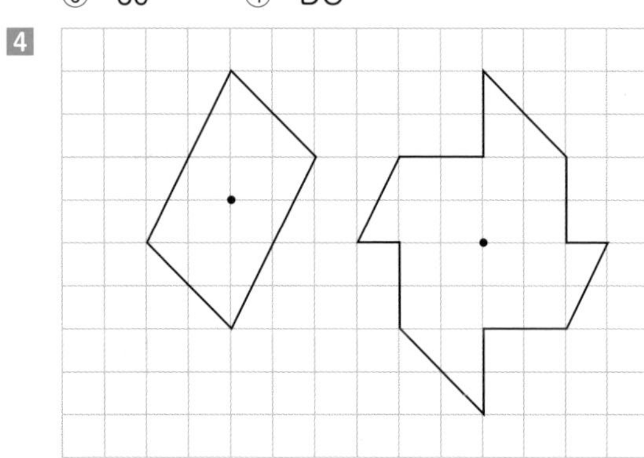

5 ① ひし形
② 平行四辺形、ひし形
③

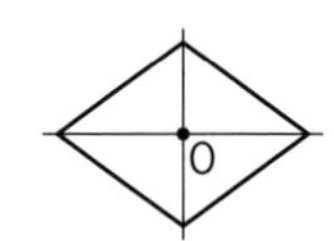

p.10 たしかめ

1 ① 線　② 線　③ 線　④ 点

2

3 ① 3cm　② 30°　③ 直角

4 ①

正三角形　ひし形

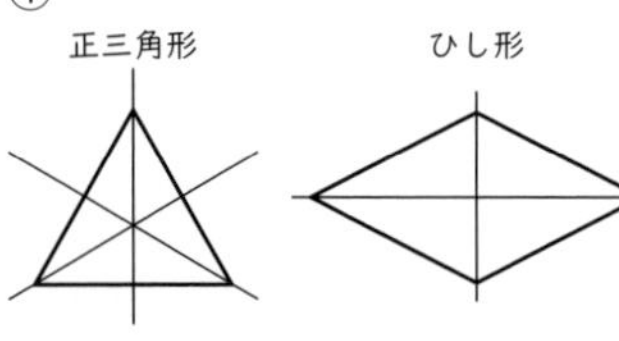

正五角形

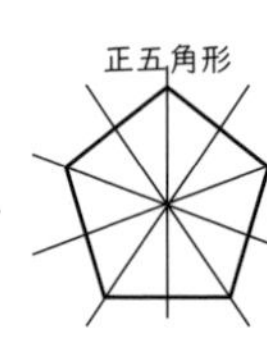

② ひし形

5 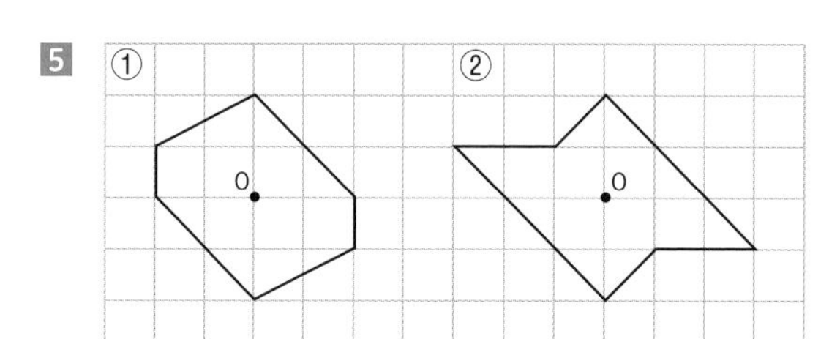

6 ① 点F、点G
② 辺GH
③ 角I

文字と式

p.12 チェック

1 ① $x \times 5 = 400$
② $x \div 4 = 3$
③ $15 + x = 25$
④ $0.8 - x = 0.2$

2 ① $250 \times x$
② $250 \times 3 = 750$ 750円
③ $250 \times 5 = 1250$ 1250円
④ $250 \times x + 50$

3 ① ㋒ ② ㋐ ③ ㋓ ④ ㋑

4 ① $4 \times x = 24$ $x = 6$ 6cm
② $x \times 4 \div 2 = 16$ $x = 8$ 8cm

5 ① $x \times 3 = 18$
② $x = 6$ 6cm

p.14 ホップ

1 ① $50 \times x$ ② $100 + x$
③ $200 - x$ ④ $x \times 5$
⑤ $x \div 8$ ⑥ $10 + x$
⑦ $15 \div x$ ⑧ $x - 8$

2 ① $150 \times x$
② $150 \times 7 = 1050$ 1050円
③ $150 \times x + 200 = 2000$
$150 \times x = 1800$ $x = 12$
12個

3 ① $x \times 3 - 6 = 90$
② $x \times 3 = 96$ $x = 32$

p.16 ステップ

1 ① ㋓ ② ㋒ ③ ㋑ ④ ㋐

2 ① ㋓ ② ㋑ ③ ㋒ ④ ㋐

3 ① $5 \times x = 20$ $x = 4$ 4cm
② $2 \times 3 \times x = 30$ $x = 5$ 5cm

4 ① $x \times 4 = 60$
② $x = 60 \div 4 = 15$ 15m

5 $x \times 2 = 100$ $x = 50$ 時速50km

p.18 たしかめ

1 ① $x \times 8 = 480$
② $x \div 5 = 2$
③ $10 + x = 18$
④ $1 - x = 0.3$

2 ① $200 \times x$
② $200 \times 4 = 800$ 800円
③ $200 \times 6 = 1200$ 1200円
④ $200 \times x + 50$

3 ① ㋒ ② ㋑ ③ ㋓ ④ ㋐

4 ① $6 \times x = 54$ $x = 9$ 9cm
② $x \times 6 \div 2 = 18$ $x = 6$ 6cm

5 ① $x \times 3 = 24$
② $x = 8$ 8cm

分数のかけ算・わり算

p.20 チェック

1 ① $\frac{35}{6}$ ② 4 ③ $\frac{5}{21}$ ④ $\frac{24}{7}$

2 ① $\frac{20}{3}$ ② $\frac{1}{8}$ ③ $\frac{9}{22}$ ④ $\frac{9}{4}$

3 ㋑、㋒

4 ① $\frac{7}{4}$ ② $\frac{1}{3}$

5 ① $\frac{17}{50}$ ② $\frac{5}{4}$

6 $\frac{2}{5} \times 2\frac{5}{6} = \frac{2 \times 17}{5 \times 6} = \frac{17}{15}$
$\frac{17}{15}$kg $\left(1\frac{2}{15}\text{kg}\right)$

7 $\frac{8}{9} \div \frac{7}{8} = \frac{8 \times 8}{9 \times 7} = \frac{64}{63}$
$\frac{64}{63}\text{m}^2$ $\left(1\frac{1}{63}\text{m}^2\right)$

8 $2\frac{3}{4} \times \frac{5}{6} = \frac{11 \times 5}{4 \times 6} = \frac{55}{24}$
$\frac{55}{24}$kg $\left(2\frac{7}{24}\text{kg}\right)$

p.22 ホップ

1 ① $\frac{12}{7}$ ② $\frac{4}{5}$ ③ $\frac{9}{16}$ ④ $\frac{2}{9}$
⑤ $\frac{1}{9}$ ⑥ $\frac{1}{12}$ ⑦ 5 ⑧ $\frac{38}{5}$

2 ① $\frac{8}{3}$ ② 6 ③ $\frac{1}{4}$

④ $\frac{10}{9}$　⑤ $\frac{10}{13}$　⑥ $\frac{10}{27}$

3 ㋐、㋓

4 $\frac{3}{4} \times 2\frac{1}{3} = \frac{3 \times 7}{4 \times 3} = \frac{7}{4}$

$\frac{7}{4}$ m^2 $\left(1\frac{3}{4}\text{ m}^2\right)$

5 $900 \times \frac{5}{6} = \frac{900 \times 5}{1 \times 6} = 750$　750g

6 $\frac{5}{12} \times 3\frac{1}{5} = \frac{5 \times 16}{12 \times 5} = \frac{4}{3}$　$\frac{4}{3}$ L $\left(1\frac{1}{3}\text{ L}\right)$

p.24　ステップ

1 ① $\frac{3}{20}$　② $\frac{11}{2}$　③ $\frac{7}{6}$　④ $\frac{21}{20}$

⑤ 1　⑥ $\frac{7}{12}$　⑦ 6　⑧ $\frac{8}{3}$

2 ① $\frac{9}{10}$　② $\frac{73}{100}$　③ $\frac{11}{10}$

④ $\frac{13}{5}$　⑤ $\frac{54}{25}$　⑥ $\frac{303}{100}$

3 ㋑、㋒

4 $\frac{3}{8} \div \frac{4}{5} = \frac{3 \times 5}{8 \times 4} = \frac{15}{32}$　$\frac{15}{32}$ m^2

5 $\frac{4}{9} \div \frac{6}{7} = \frac{4 \times 7}{9 \times 6} = \frac{14}{27}$　$\frac{14}{27}$ m^2

6 ① $\frac{3}{4} \div \frac{2}{3}$　② $\frac{2}{3} \div \frac{3}{4}$

p.26　たしかめ

1 ① $\frac{35}{8}$　② 3　③ $\frac{9}{28}$　④ 3

2 ① $\frac{15}{2}$　② $\frac{1}{18}$　③ $\frac{3}{2}$　④ $\frac{8}{3}$

3 ㋐、㋓

4 ① $\frac{5}{8}$　② $\frac{1}{5}$

5 ① $\frac{3}{20}$　② $\frac{12}{5}$

6 $\frac{3}{7} \times 1\frac{1}{6} = \frac{3 \times 7}{7 \times 6} = \frac{1}{2}$　$\frac{1}{2}$ kg

7 $\frac{7}{8} \div \frac{7}{9} = \frac{7 \times 9}{8 \times 7} = \frac{9}{8}$　$\frac{9}{8}$ m^2 $\left(1\frac{1}{8}\text{ m}^2\right)$

8 $2\frac{4}{5} \times \frac{5}{7} = \frac{14 \times 5}{5 \times 7} = 2$　2kg

比

p.28　チェック

1 ① $\frac{4}{5}$　② 2　③ $\frac{1}{3}$　④ $\frac{2}{3}$

2 ㋐、㋒

3 ① 3　② 18

③ 9　④ 8

4 ① 7：9　② 2：3

③ 3：2　④ 9：10

5 3：4＝9：□　□＝12　12 m

6 $44 \times \frac{3}{11} = 12$　$44 - 12 = 32$

おとな 12 人、子ども 32 人

7 $48 \times \frac{5}{8} = 30$　$48 - 30 = 18$

わたし 30 個、妹 18 個

p.30　ホップ

1 ① $\frac{2}{3}$　② $\frac{8}{7}$　③ $\frac{3}{5}$　④ $\frac{3}{2}$

⑤ 3　⑥ 3　⑦ $\frac{3}{5}$　⑧ $\frac{1}{5}$

⑨ $\frac{3}{4}$　⑩ $\frac{3}{2}$

2 ① 3：2 ― 15：10

② 8：5 ― 16：10

③ 4：3 ― 12：9

④ 6：5 ― 12：10

⑤ 5：3 ― 15：9

3 8：10、12：15、16：20

4 ① 10　② 30　③ 6　④ 35

⑤ 2　⑥ 5　⑦ 2　⑧ 3

⑨ 15　⑩ 25　⑪ 4　⑫ 3

5 ① 4：3　② 3：5

③ 3：1　④ 1：4

⑤ 5：7　⑥ 3：4

⑦ 1：5　⑧ 5：1

⑨ 6：5　⑩ 2：3

⑪ 4：3　⑫ 2：3

p.32　ステップ

1 9：7＝□：980

□＝1260　1260 円

2 8：5＝400：□

□＝250　250g

3 1：30＝8：□

□＝240　240 枚

4 $120 \times \frac{5}{12} = 50$　$120 - 50 = 70$

わたし 50 枚、妹 70 枚

5 $240 \times \frac{11}{24} = 110$　　$240 - 110 = 130$

5年生110人、6年生130人

6 $12 \times \frac{5}{8} = 7.5$　　$12 - 7.5 = 4.5$

7.5mと4.5m

p.34　たしかめ

1 ①　$\frac{7}{8}$　　②　3　　③　$\frac{1}{4}$　　④　$\frac{2}{5}$

2 ㋑、㋓

3 ①　3　　②　10

③　15　　④　9

4 ①　8：5　　②　3：5

③　9：7　　④　3：4

5 4：5＝8：□　　□＝10

10m

6 $54 \times \frac{7}{9} = 42$　　$54 - 42 = 12$

おとな42人、子ども12人

7 $21 \times \frac{3}{7} = 9$　　$21 - 9 = 12$

わたし9個、妹12個

拡大図と縮図

p.36　チェック

1 拡大図㋒、縮図㋔

2 ①　辺FGで6cm

②　角Fで45度

③　辺ADで1cm

3

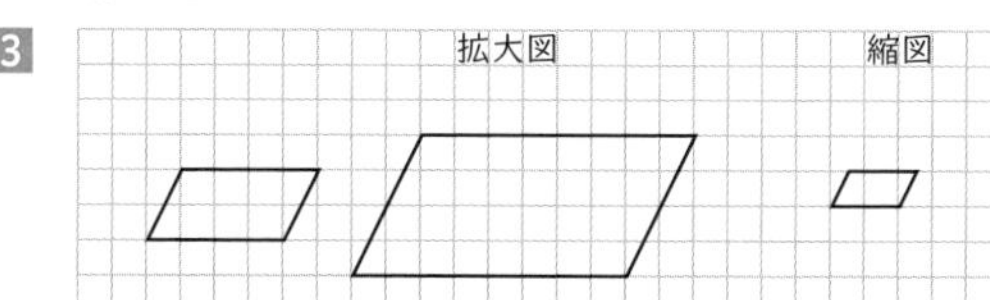

4

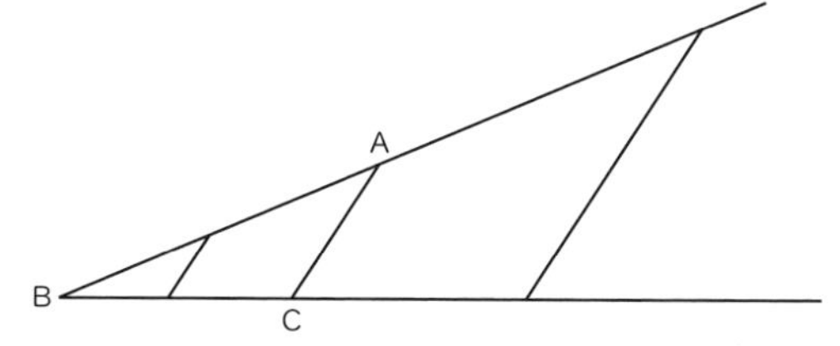

5 60m＝6000cm　　$\frac{6000}{2000} = 3$

BC＝3cmの縮図をかく

縮図

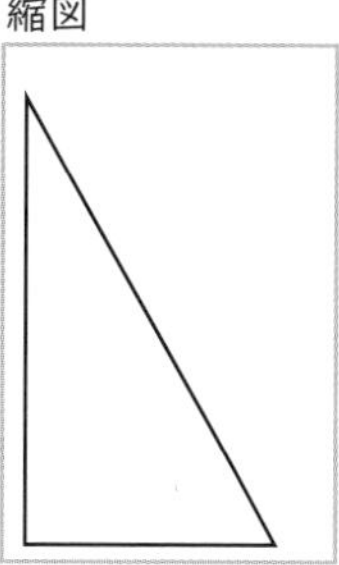

AB＝5.2cm

$5.2 \times 2000 = 10400$cm　　104m

p.38　ホップ

1 拡大図㋗、縮図㋔

2 ㋐と㋘、㋑と㋕、㋒と㋜、㋓と㋙

3 ①　辺BC、2.5cm

②　辺AB、1.5cm

③　辺GH、2cm

④　角F、60°

⑤　角C、80°

4 辺AE＝4cm、辺DE＝6cm

p.40　ステップ

1

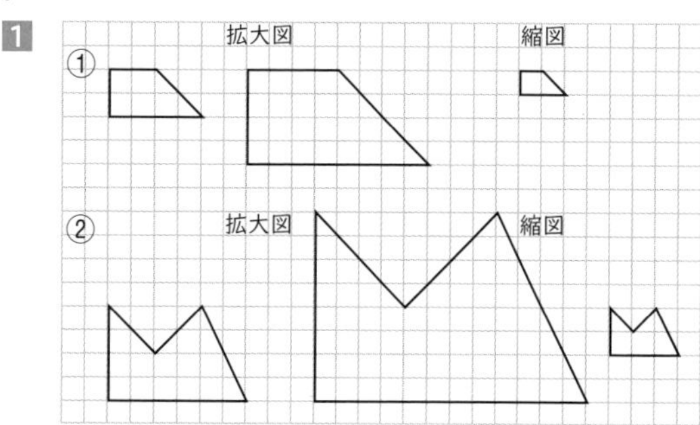

2

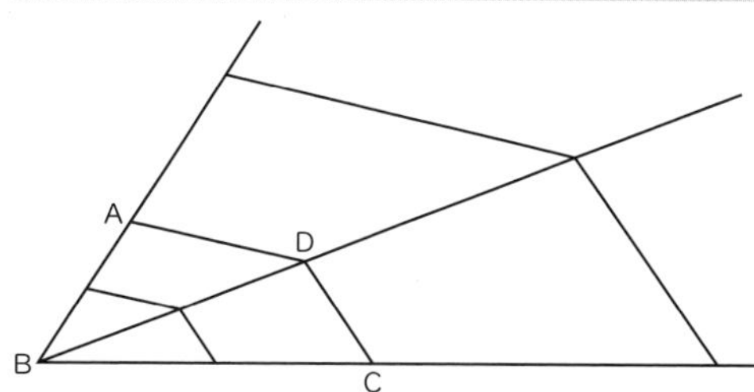

3

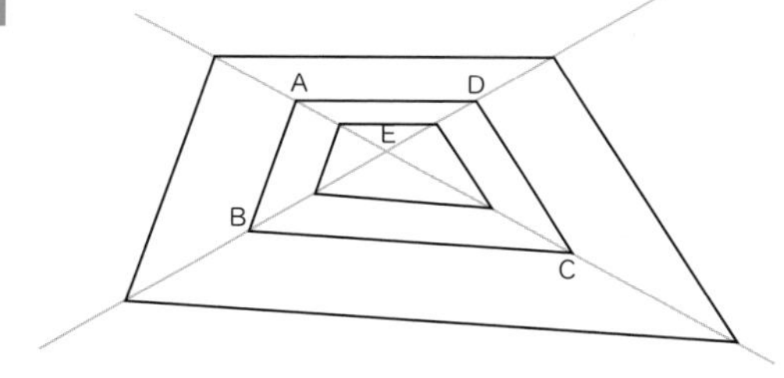

4 ① 20 m＝2000cm

$\frac{2000}{500}=4$　　4cm

②

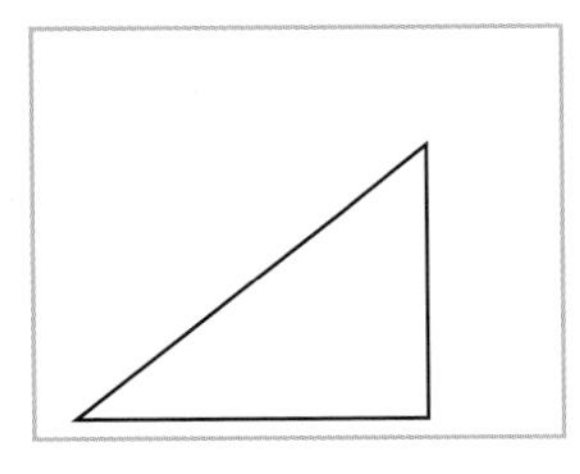

③ $3.3\times 500=1650$cm　　16.5 m

p.42　たしかめ

1 拡大図㋖、縮図㋕

2 ① 辺 FG で 7cm

② 角 F で 45 度

③ 辺 AD で 1.5cm

3

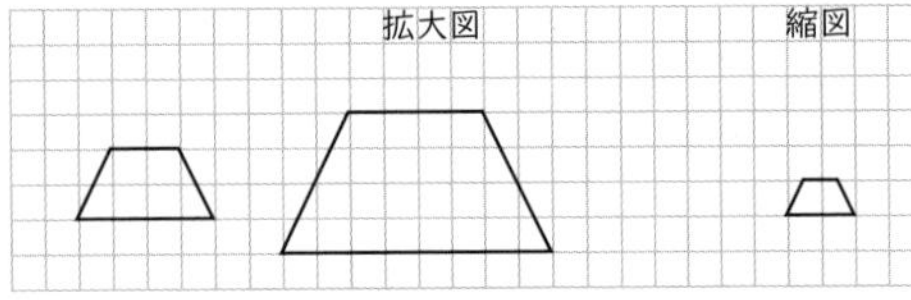

4

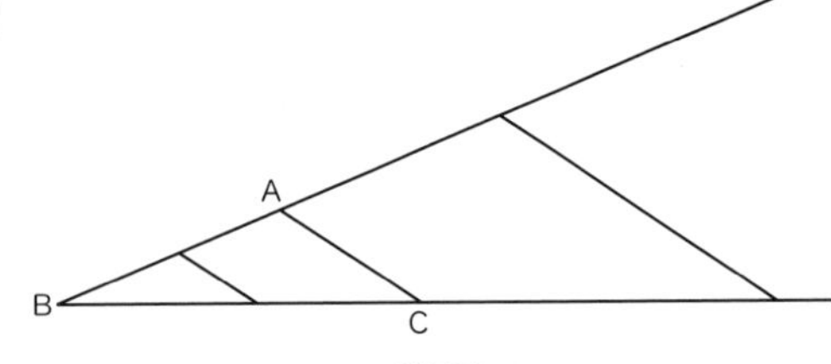

5 30 m＝3000cm　　$\frac{3000}{1000}=3$

縮図

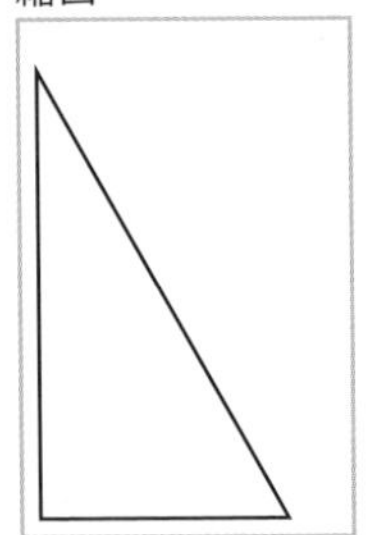

$5.2\times 1000=5200$cm　　52 m

円の面積

p.44　チェック

1 円の面積＝半径×半径× 3.14

2 ① $3\times 3\times 3.14=28.26$　　28.26cm^2

② $8\div 2=4$　　$4\times 4\times 3.14=50.24$

50.24cm^2

③ $5\times 5\times 3.14\div 2=39.25$

39.25cm^2

④ $6\times 6\times 3.14\div 4=28.26$

28.26cm^2

3 ① $6\times 6-3\times 3\times 3.14=7.74$

7.74cm^2

② $4\times 4\times 3.14\div 2=25.12$

25.12cm^2

③ $4\times 4\times 3.14\div 2-2\times 2\times 3.14$

$=12.56$　　12.56cm^2

④ $3\times 3\times 3.14+6\times 6=64.26$

64.26cm^2

4 $25.12\div 3.14=8$　　$8\div 2=4$

$4\times 4\times 3.14=50.24$　　50.24cm^2

p.46　ホップ

1 ① $2\times 2\times 3.14=12.56$　　12.56cm^2

② $4\times 4\times 3.14=50.24$　　50.24cm^2

③ $6\div 2=3$　　$3\times 3\times 3.14=28.26$

28.26cm^2

④ $10\times 10\times 3.14=314$　　314cm^2

⑤ $10\div 2=5$　　$5\times 5\times 3.14=78.5$

78.5cm^2

2 ① $3\times 3\times 3.14\div 2=14.13$

14.13cm^2

② $4\times 4\times 3.14\div 2=25.12$

25.12cm^2

③ $10\div 2=5$　　$5\times 5\times 3.14\div 2$

$=39.25$　　39.25cm^2

④ $4\times 4\times 3.14\div 4=12.56$

12.56cm^2

⑤ $5\times 5\times 3.14\div 4=19.625$

19.625cm^2

p.48　ステップ

1 ① $6\times 6-3\times 3\times 3.14=7.74$

7.74cm^2

② $4\times 4\times 3.14\div 2+2\times 2\times 3.14$

$=37.68$　　37.68cm^2

③ $6\times 6-3\times 3\times 3.14=7.74$

7.74cm^2

2 ① $31.4\div 3.14=10$　　10cm

② $10\div 2=5$　　$5\times 5\times 3.14=78.5$

78.5cm^2

3 ① $4\times 4=16$　　16cm^2

② $3\times 6=18$　　18cm^2

③ 3 × 6 = 18　18cm^2
④ 4 × 8 = 32　32cm^2

p.50　たしかめ

1 円の面積＝半径×半径× 3.14

2 ① 5 × 5 × 3.14 = 78.5　78.5cm^2
② 12 ÷ 2 = 6　6 × 6 × 3.14 = 113.04
113.04cm^2
③ 8 × 8 × 3.14 ÷ 2 = 100.48
100.48cm^2
④ 10 × 10 × 3.14 ÷ 4 = 78.5
78.5cm^2

3 ① 10 × 10 − 5 × 5 × 3.14 = 21.5
21.5cm^2
② 6 × 6 × 3.14 ÷ 2 = 56.52
56.52cm^2
③ 5 × 5 × 3.14 ÷ 2 − 2.5 × 2.5 × 3.14
= 19.625　19.625cm^2
④ 4 × 4 × 3.14 + 8 × 8 = 114.24
114.24cm^2

4 18.84 ÷ 3.14 = 6　6 ÷ 2 = 3
3 × 3 × 3.14 = 28.26　28.26cm^2

角柱・円柱の体積

p.52　チェック

1 角柱・円柱の体積＝底面積×高さ

2 ① 20 × 5 = 100　100cm^3
② 3 × 3 = 9　9 × 3 = 27　27cm^3
③ 4 × 1 = 4　4 × 4 = 16　16cm^3
④ 4 × 2 ÷ 2 = 4　4 × 6 = 24
24cm^3

3 ① (5 + 3) × 2 ÷ 2 = 8　8 × 5 = 40
40cm^3
② 2 × 2 × 3.14 = 12.56
12.56 × 6 = 75.36　75.36cm^3
③ 2 × 2 × 3.14 ÷ 2 = 6.28
6.28 × 7 = 43.96　43.96cm^3

4 ① 三角柱
② 4cm
③ 3 × 4 ÷ 2 = 6　6 × 4 = 24
24cm^3

p.54　ホップ

1 ① 高さ　② 底面積
③ 円柱　④ 三角柱

2 ① 30 × 10 = 300　300cm^3
② 314 × 5 = 1570　1570cm^3
③ 4 × 4 = 16　16 × 4 = 64
64cm^3
④ 4 × 3 = 12　12 × 2 = 24
24cm^3

3 ① 5 × 1 ÷ 2 = 2.5　2.5 × 2 = 5
5cm^3
② 3 × 2 ÷ 2 = 3　3 × 6 = 18
18cm^3
③ (4 + 6) × 2 ÷ 2 = 10
10 × 10 = 100　100cm^3
④ (4 + 2) × 1 ÷ 2 = 3　3 × 6 = 18
18cm^3
⑤ 3 × 3 × 3.14 = 28.26
28.26 × 2 = 56.52　56.52cm^3
⑥ 1 × 1 × 3.14 = 3.14
3.14 × 5 = 15.7　15.7cm^3

p.56　ステップ

1 ① 6 × 6 × 3.14 ÷ 2 = 56.52
56.52 × 10 = 565.2　565.2cm^3
② 3 × 3 × 3.14 ÷ 2 = 14.13
14.13 × 5 = 70.65　70.65cm^3

2 ① 6 × 4 + 3 × (7 − 4) = 33
33 × 5 = 165　165cm^3
② 4 × 6 − 2 × 2 = 20
20 × 6 = 120　120cm^3

3 ① 三角柱
② A は 8cm、B は 6cm
③ 8 × 6 ÷ 2 = 24　24cm^2
④ 24 × 8 = 192　192cm^3

4 ① 円柱
② 25.12 ÷ 3.14 = 8　8cm
③ 4 × 4 × 3.14 = 50.24
50.24 × 10 = 502.4　502.4cm^3

p.58　たしかめ

1 角柱・円柱の体積＝底面積×高さ

2 ① 15 × 6 = 90　90cm^3
② 5 × 5 = 25　25 × 5 = 125
125cm^3
③ 6 × 3 = 18　18 × 6 = 108
108cm^3
④ 4 × 6 ÷ 2 = 12　12 × 10 = 120

120cm^3

3 ① $(6+4)\times 2\div 2=10$

$10\times 3=30$　　30cm^3

② $3\times 3\times 3.14=28.26$

$28.26\times 5=141.3$　　141.3cm^3

③ $4\times 2=8$　　$8\times 6=48$　　48cm^3

4 ① 円柱

② 8cm

③ $2\times 2\times 3.14=12.56$

$12.56\times 8=100.48$　　100.48cm^3

およその面積・体積

p.60　チェック

1 ① 三角形

② $50\times 40\div 2=1000$　　1000m^2

2 ① 2つの円

② $5\times 5\times 3.14\times 2=157$　　157m^2

3 ①

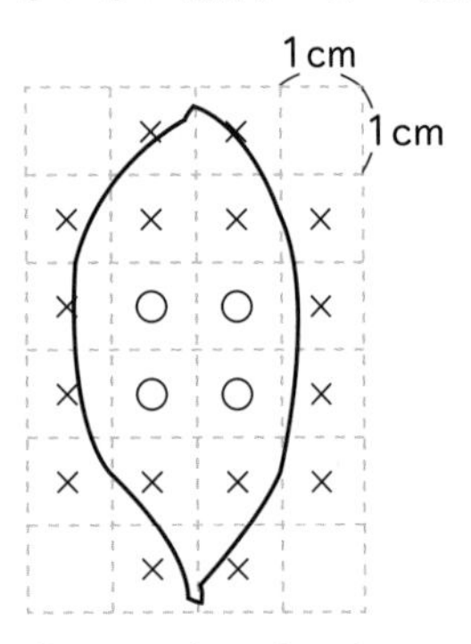

② ○……　$1\times 4=4$

×……　$0.5\times 16=8$　　12cm^2

4 ① $6\div 2=3$　　$3\times 3\times 3.14=28.26$

$28.26\times 18=508.68$　　508.68cm^3

② $7\times 7=49$　　$49\times 20=980$

980cm^3

③ $24\times 18=432$　　$432\times 1=432$

432cm^3

④ $80\times 120=9600$

$9600\times 60=576000$　　576000cm^3

⑤ $4\times 4\times 3.14=50.24$

$50.24\times 10=502.4$

502.4cm^3

p.62　ホップ

1 ①

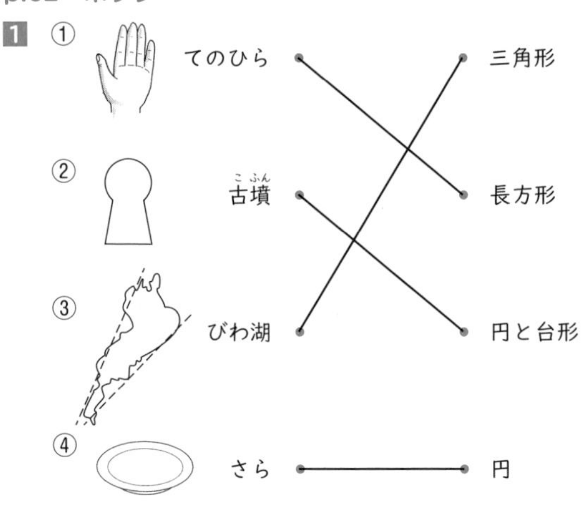

2 ① 台形として

② $(10+4)\times 8\div 2=56$　　56m^2

3 ①

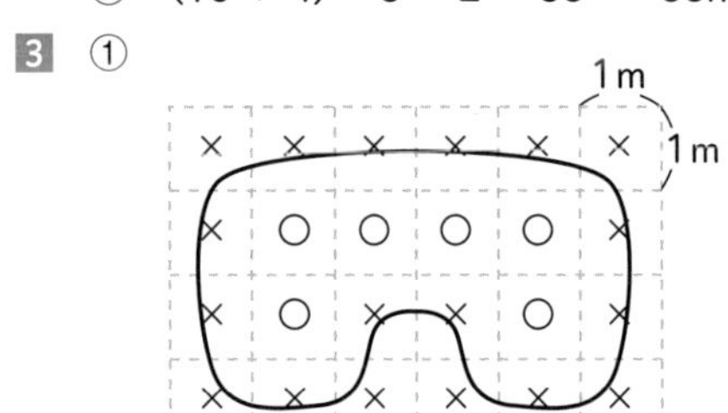

② ○……　$1\times 6=6$

×……　$0.5\times 18=9$　　15m^2

4

0　5　10km

（実際は504.9km^2）

○……　$25\times 9=225$

×……　$12.5\times 22=275$

$225+275=500$　　約500km^2

p.64　ステップ

1　①

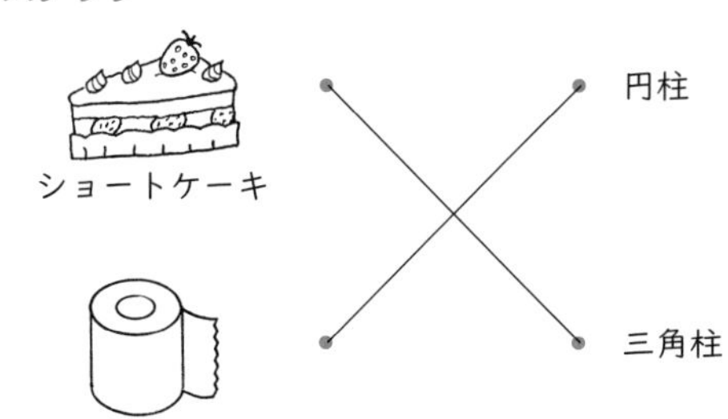

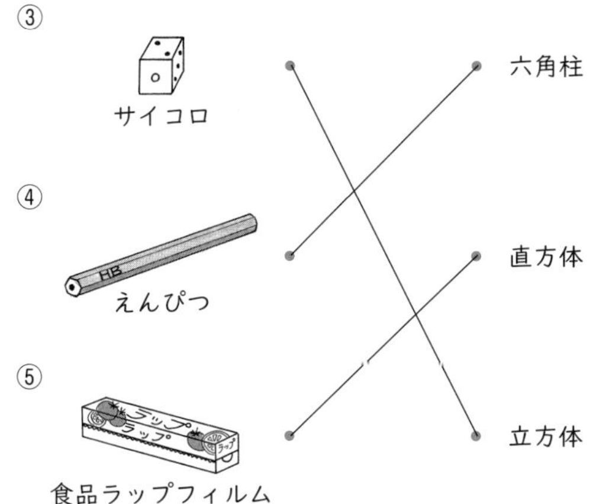

2　① 四角柱

$80 \times 60 = 4800$　　4800×100
$= 480000$　　480000cm^3

② 円柱

$3 \times 3 \times 3.14 = 28.26$　　28.26×15
$= 423.9$　　423.9cm^3

③ 三角柱

$6 \times 10 \div 2 = 30$　　$30 \times 6 = 180$
180cm^3

p.66　たしかめ

1　① 台形

② $(60 + 40) \times 50 \div 2 = 2500$
2500m^2

2　① ひし形

② $10 \times 20 \div 2 = 100$　　100m^2

3　①

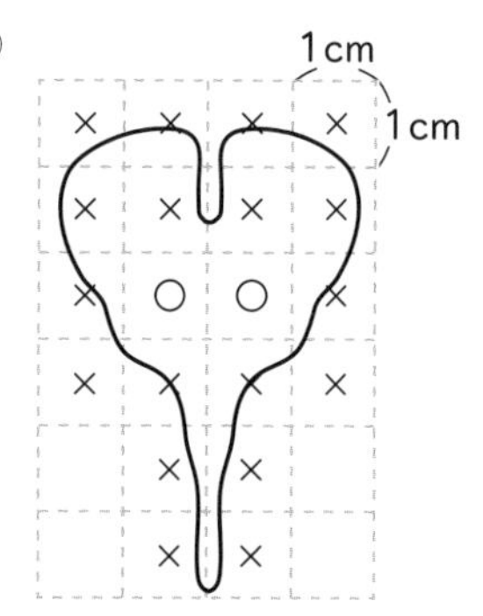

② ○……　$1 \times 2 = 2$
×……　$0.5 \times 18 = 9$　　11cm^2

4　① $7 \times 7 = 49$　　$49 \times 14 = 686$
686cm^3

② $10 \times 20 = 200$　　200×30
$= 6000$　　6000cm^3

③ $9 \times 10 \div 2 = 45$　　$45 \times 5 = 225$
225cm^3

④ $5 \times 5 \times 3.14 = 78.5$
$78.5 \times 2 = 157$　　157cm^3

⑤ $4 \times 4 \times 3.14 = 50.24$
$50.24 \times 8 = 401.92$　　401.92cm^3

比例・反比例

p.68　チェック

1　①

個数 x（個）	1	2	3	4	5
代金 y（円）	50	100	150	200	250

② 2倍、3倍…になる

③ 比例している

④ $y = 50 \times x$

⑤ $50 \times 9 = 450$　　450円

2　① ×　② ○　③ ○　④ ×

3　①

縦の長さ x（cm）	1	2	3	4	6	8	12	24
横の長さ y（cm）	24	12	8	6	4	3	2	1

② $\frac{1}{2}$、$\frac{1}{3}$…になる

③ 反比例している

④ $y = 24 \div x$

⑤ $24 \div 5 = 4.8$　　4.8cm

4　① ○　② ○　③ ×　④ ×

p.70　ホップ

1　①

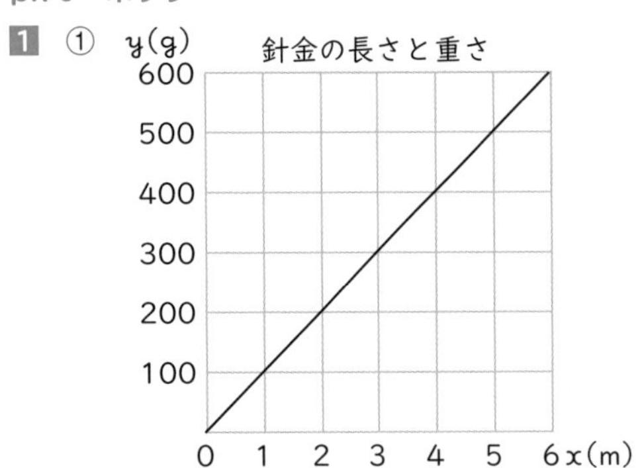

②　$y = 100 \times x$

2　①

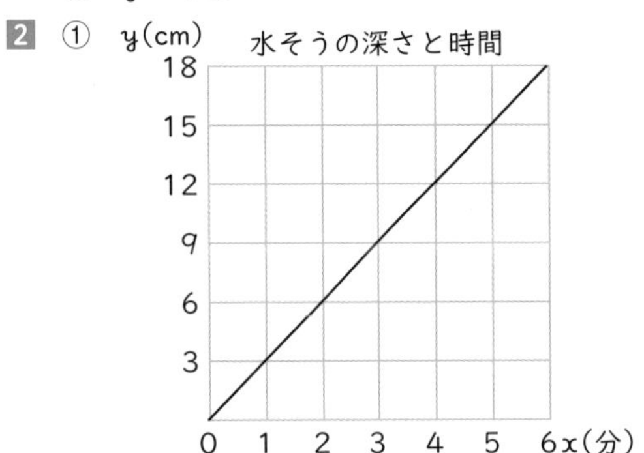

②　$y = 3 \times x$

3　○をつける　③

4　①

x（m）	1	2	3	4
y（g）	5	10	15	20

②

x（cm）	2	4	6	8
y（cm^2）	12	24	36	48

5　○をつける　①、④

p.72　ステップ

1　①

縦の長さ x（cm）	1	2	3	4	5	6	8	12	24
横の長さ y（cm）	24	12	8	6	4.8	4	3	2	1

②　$y = 24 \div x$

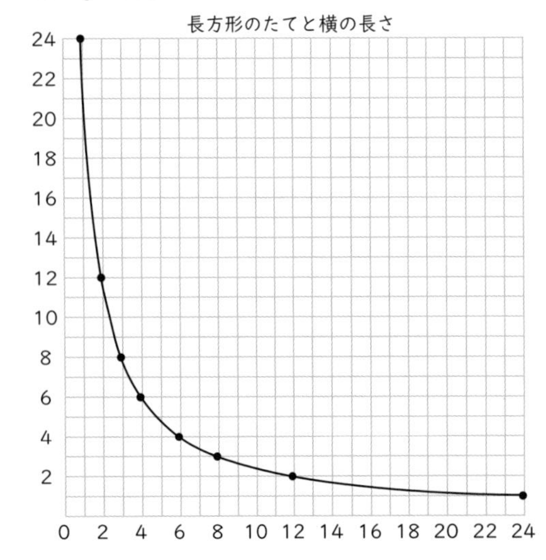

2　○をつける　③、④

3　○をつける　①、④

4　比例のグラフ　②

反比例のグラフ　③

p.74　たしかめ

1　①

個数 x（個）	1	2	3	4	5
代金 y（円）	100	200	300	400	500

②　2倍、3倍…になる

③　比例している

④　$y = 100 \times x$

⑤　$100 \times 9 = 900$　　900円

2　①　×　　②　○　　③　×　　④　○

3　①

縦の長さ x（cm）	1	2	3	4	6	9	12	18
横の長さ y（cm）	36	18	12	9	6	4	3	2

②　$\frac{1}{2}$、$\frac{1}{3}$…になる

③　反比例している

④　$y = 36 \div x$

⑤　$36 \div 8 = 4.5$　　4.5cm

4　①　×　　②　×　　③　○　　④　○

並べ方と組み合わせ方

p.76　チェック

1　①

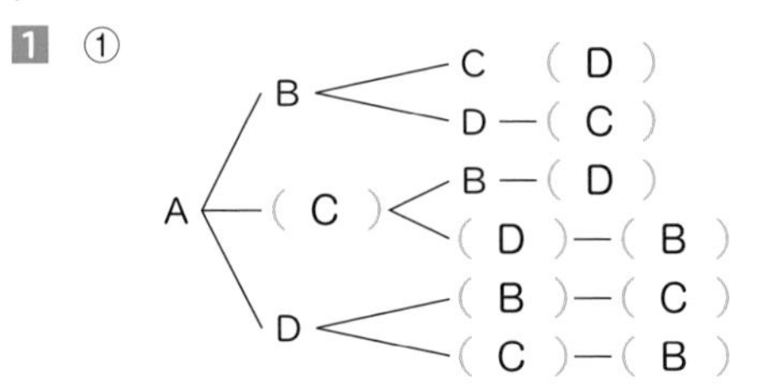

②　6通り

③　$6 \times 4 = 24$　　24通り

2　$2 \times 3 = 6$　　6通り

3　$2 \times 2 = 4$　　4通り

4　①

A — B、C、（ D ）　　B — （ C ）、D　　C —（ D ）

②

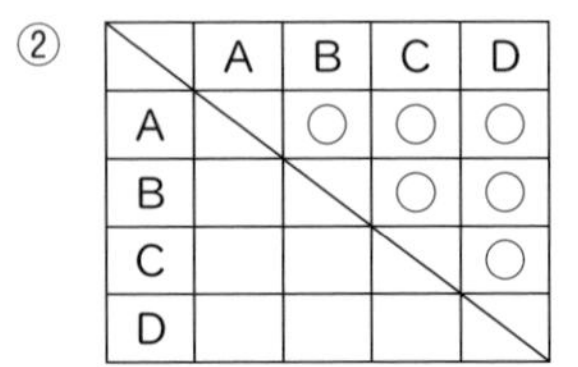

	A	B	C	D
A		○	○	○
B			○	○
C				○
D				

③　6 試合

5　①　150 円　　②　11 円　　③　6 通り

p.78　ホップ

1　①

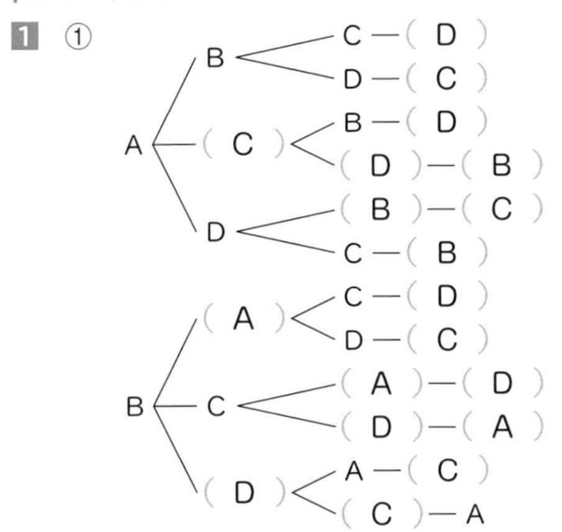

②　A が第 1 走者 6 通り

B が第 1 走者 6 通り

③　6 × 4 = 24　　24 通り

2　2 × 2 = 4　　4 通り

3　①

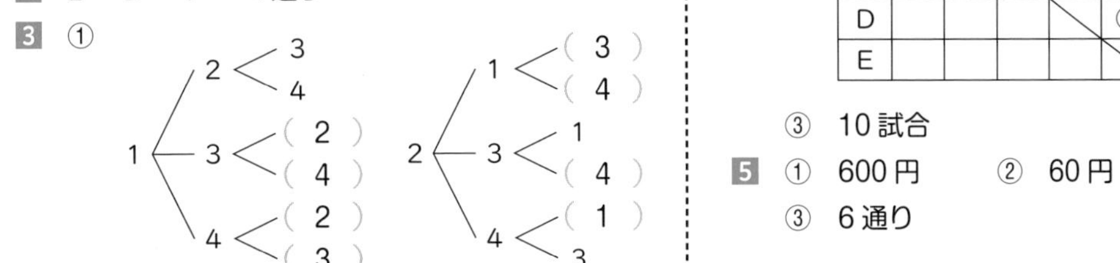

②　6 × 4 = 24　　24 通り

4　2 × 3 = 6　　6 通り

5　4 × 2 = 8　　8 通り

p.80　ステップ

1　①

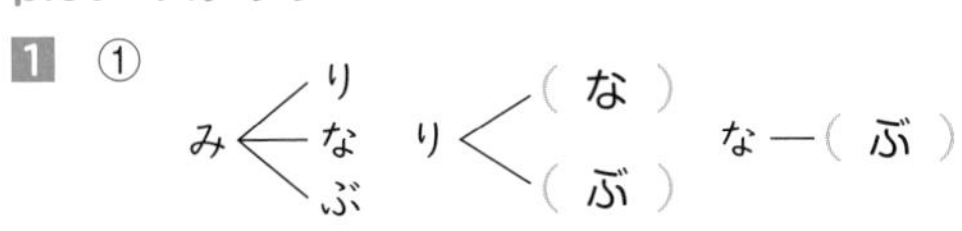

②

	み	り	な	ぶ
み		○	○	○
り			○	○
な				○
ぶ				

6 通り

2　①　70g　　②　6g　　③　6 通り

3　①　3 × 4 = 12　　12 通り

②　3 + 2 + 1 = 6　　6 通り

4　①　1　　②　5　　③　5

p.82　たしかめ

1　①

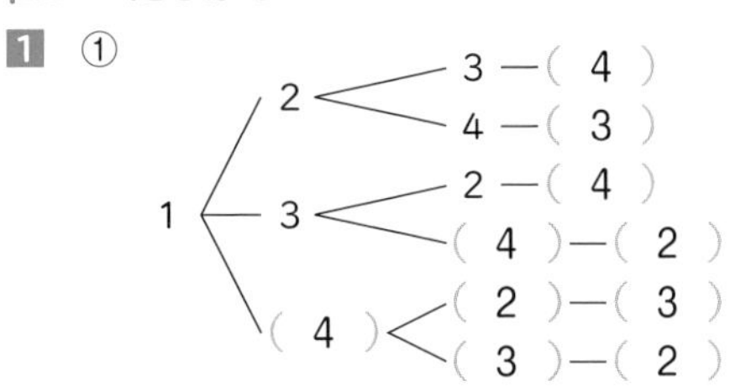

②　6 通り

③　6 × 4 = 24　　24 通り

2　2 × 3 = 6　　6 通り

3　4 × 2 = 8　　8 通り

4　①

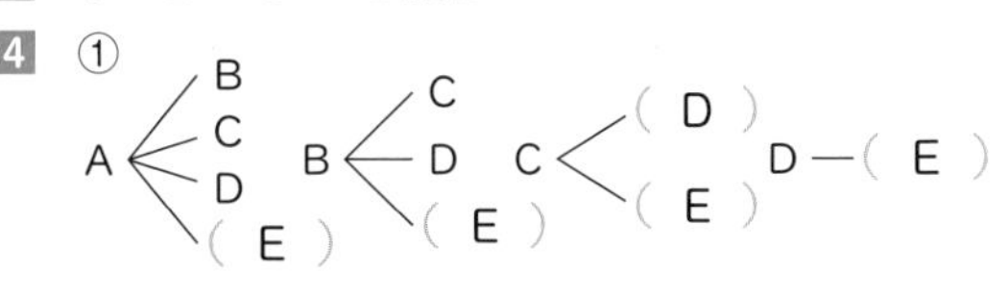

②

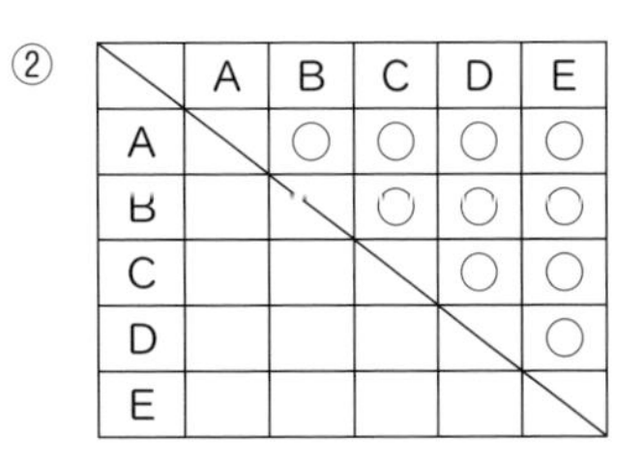

	A	B	C	D	E
A		○	○	○	○
B			○	○	○
C				○	○
D					○
E					

③　10 試合

5　①　600 円　　②　60 円

③　6 通り

資料の調べ方

p.84　チェック

1　①　20 人

②　20 m以上～ 25 m未満

③　15 m以上～ 20 m未満

④　4 番目から 9 番目

⑤

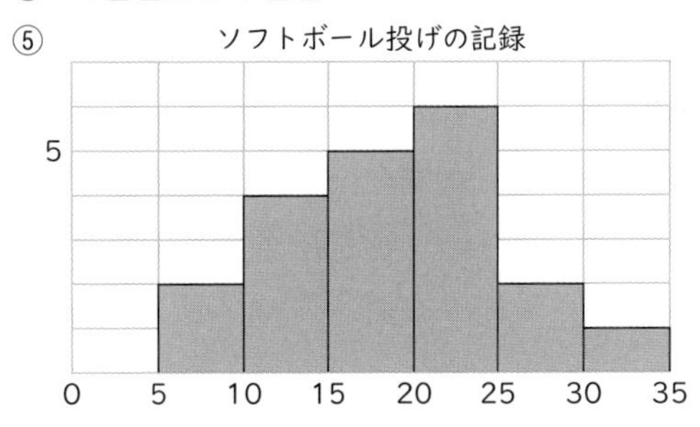

2　①　1050 ÷ 12 = 87.5　　87.5 点

②

0	70	75	80	85	90	95	100
	⑤③	⑨	⑪	⑦	⑥①	⑫④	⑩⑧②

③　最ひん値 100 点、中央値 90 点

④　1 ÷ 12 = 0.083…　　8%

p.86　ホップ

1　①

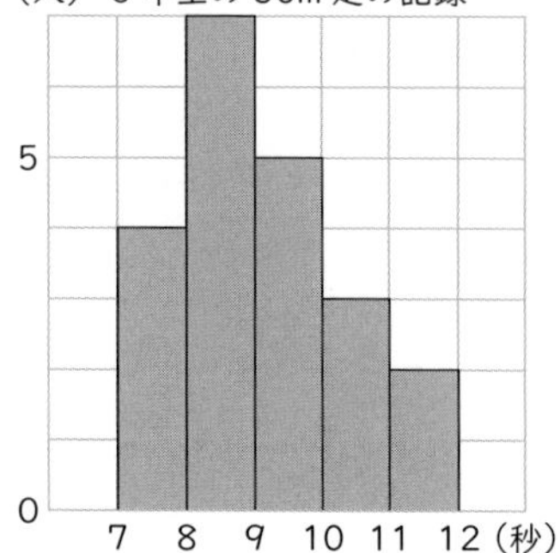

②　21 人

③　8 秒以上～ 9 秒未満

④　8 秒以上～ 9 秒未満

⑤　12 番目から 16 番目

2　①

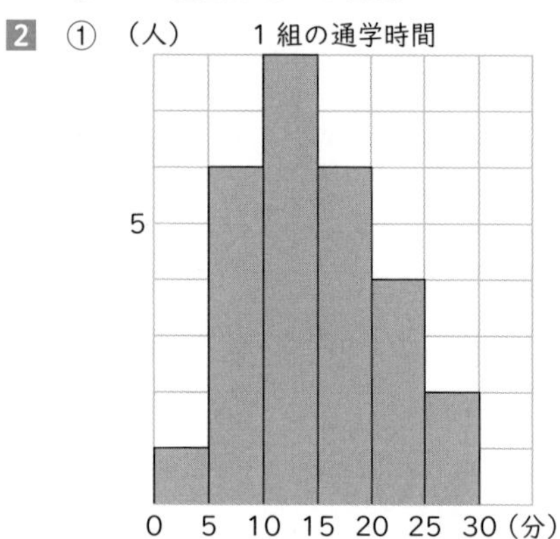

②　27 人

③　10 分以上～ 15 分未満

④　10 分以上～ 15 分未満

⑤　16 番目から 21 番目

p.88　ステップ

1　①　935 ÷ 11 = 85　　85 点

②

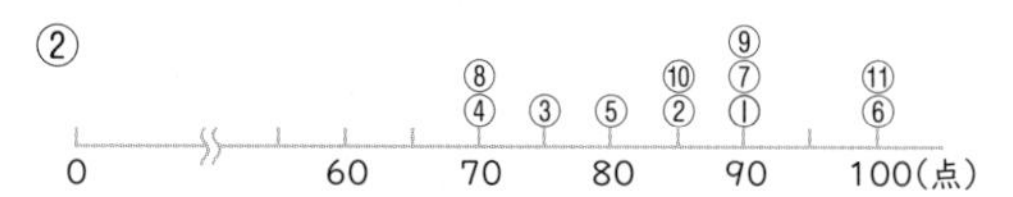

③

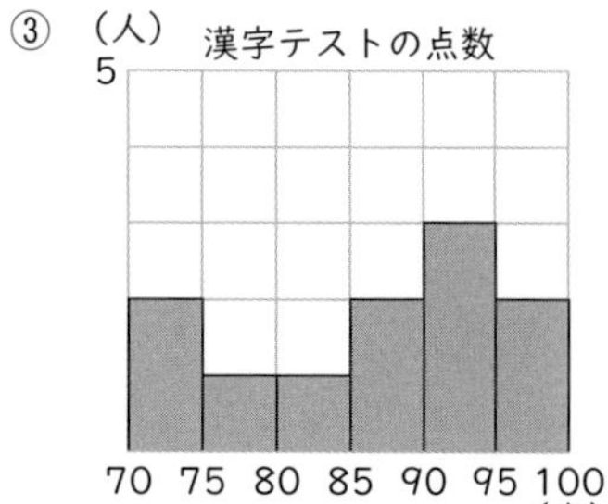

④　最ひん値 90 点、中央値 85 点

2　①　190 ÷ 10 = 19　　19 分

②

⑥ ②　①　⑩ ⑧　④　⑨ ⑦ ③　⑤

0　10　20　30　40（分）

③

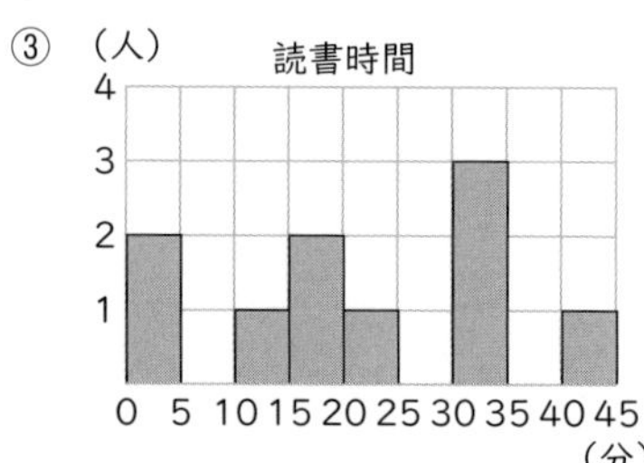

④　最ひん値 30 分、

中央値 (15 + 20) ÷ 2 = 17.5 分

⑤　4 ÷ 10 = 0.4　　40%

p.90　たしかめ

1　①　25 人

②　15 m以上～ 20 m未満

③　15 m以上～ 20 m未満

④　13 番目から 19 番目

⑤

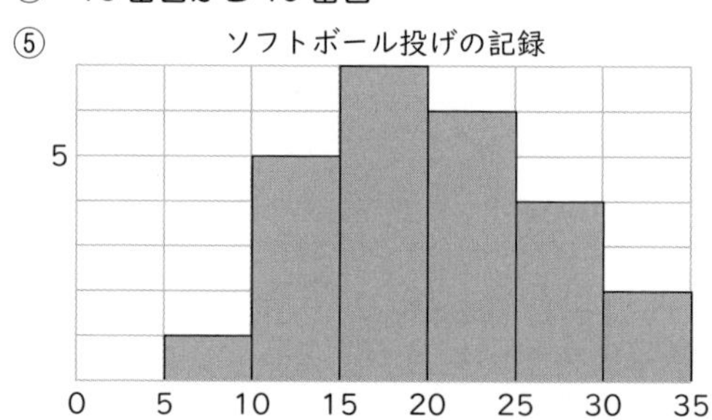

2　①　1080 ÷ 12 = 90　　90 点

②

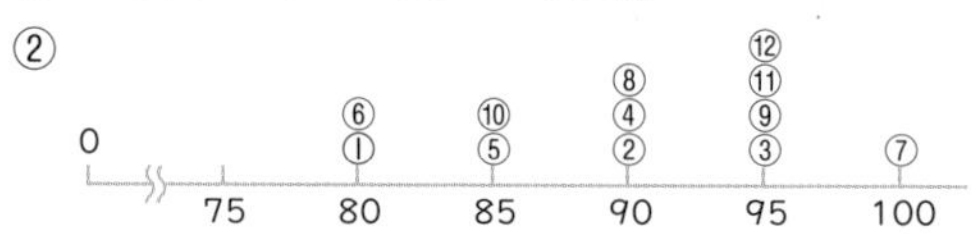

③　最ひん値 95 点、中央値 90 点

④　3 ÷ 12 = 0.25　　25%

まとめ1（分数）

p.92　チェック

1　①　$\frac{3}{4}$　　②　$\frac{7}{7} = 1$

③　$\frac{1}{8}$　　④　$\frac{1}{6}$

2　①　0.3　　②　1.2

3　①　$2\frac{3}{5}$　　②　$\frac{7}{2}$

4　①　$4\frac{1}{7}$　　②　$1\frac{4}{5}$

5 ① $\frac{1}{2}$ ② $\frac{7}{8}$

6 ① $\frac{43}{100}$ ② $\frac{107}{100}$

7 12、9

8 ① $\frac{17}{15}$ $\left(1\frac{2}{15}\right)$ ② $\frac{13}{20}$

③ $\frac{1}{9}$ ④ $\frac{3}{2}$ $\left(1\frac{1}{2}\right)$

p.94 ホップ

1 ① $\frac{3}{4}$ ② $\frac{2}{5}$

2 ① 3 ② 5 ③ 7 ④ 10

3 ① $\frac{5}{7}$ ② $\frac{7}{9}$

③ $\frac{6}{6}=1$ ④ $\frac{11}{11}=1$

⑤ $\frac{4}{8}=\frac{1}{2}$ ⑥ $\frac{7}{15}$

⑦ $\frac{4}{9}$ ⑧ $\frac{1}{4}$

4 ① 0.7 ② 2.1 ③ 1.9 ④ 1.7

5 ア $\frac{2}{5}$ イ $\frac{5}{5}$ ウ $\frac{7}{5}$

6 ① $2\frac{1}{4}$ ② $4\frac{2}{7}$ ③ 5 ④ 6

7 ① $\frac{7}{4}$ ② $\frac{11}{6}$ ③ $\frac{7}{3}$ ④ $\frac{17}{5}$

8 ① 2 ② 12 ③ 10

9 ① 4 ② $3\frac{2}{3}$

③ $1\frac{5}{9}$ ④ $\frac{4}{5}$

⑤ $4\frac{1}{2}$ ⑥ $1\frac{5}{7}$

⑦ $1\frac{2}{3}$ ⑧ $1\frac{1}{4}$

p.96 ステップ

1 ① $\frac{1}{2}$ ② $\frac{1}{3}$ ③ $\frac{3}{4}$

④ $\frac{2}{3}$ ⑤ $\frac{2}{3}$ ⑥ $\frac{2}{3}$

2 ① $\frac{3}{12}$ $\frac{8}{12}$ ② $\frac{14}{35}$ $\frac{15}{35}$

③ $\frac{4}{8}$ $\frac{1}{8}$ ④ $\frac{5}{12}$ $\frac{8}{12}$

⑤ $\frac{20}{24}$ $\frac{9}{24}$ ⑥ $\frac{9}{12}$ $\frac{2}{12}$

⑦ $\frac{14}{20}$ $\frac{15}{20}$ ⑧ $\frac{9}{24}$ $\frac{10}{24}$

3 ① $\frac{7}{18}$ ② $\frac{7}{15}$

③ $\frac{5}{6}$ ④ $\frac{10}{21}$

4 ②と③

5 ① $\frac{7}{5}$ ② $\frac{6}{35}$

③ $\frac{20}{27}$ ④ $\frac{1}{6}$

⑤ $\frac{1}{16}$ ⑥ $\frac{21}{20}$

⑦ $\frac{5}{6}$ ⑧ $\frac{2}{3}$

p.98 たしかめ

1 ① $\frac{3}{5}$ ② $\frac{5}{9}$

③ $\frac{2}{7}$ ④ $\frac{3}{4}$

2 ① 0.6 ② 1.8

3 ① $7\frac{1}{2}$ ② $\frac{13}{3}$

4 ① $4\frac{2}{9}$ ② $1\frac{1}{3}$

5 ① $\frac{2}{3}$ ② $\frac{8}{9}$

6 ① $\frac{39}{100}$ ② $\frac{51}{25}$

7 18、12

8 ① $\frac{11}{12}$ ② $\frac{2}{35}$

③ $\frac{27}{50}$ ④ $\frac{5}{12}$

まとめ2(わり算)

p.100 チェック

1 ① 12 ÷ 3

② ア A、イ B

2 ① 7 ② 9 ③ 7

④ 6 あまり 2 ⑤ 8 あまり 3

⑥ 5 あまり 5 ⑦ 6 あまり 5

⑧ 8 あまり 5 ⑨ 6 あまり 7

3 ① 46 ② 8

4 ① 1 あまり 1.5 ② 2 あまり 1.7

5 ① 6.25 ② 4.5

6 ① 3.57… → 3.6

② 21.3… → 21

p.102 ホップ

1 ① 6 ② 8 ③ 6

④ 6　⑤ 7　⑥ 5
⑦ 2 あまり 2　⑧ 5 あまり 2
⑨ 8 あまり 1　⑩ 7 あまり 2
⑪ 9 あまり 1　⑫ 8 あまり 2
⑬ 8 あまり 4　⑭ 7 あまり 4
⑮ 6 あまり 3　⑯ 7 あまり 3
⑰ 7 あまり 7　⑱ 4 あまり 7

2 ① 15　② 106 あまり 4
③ 200 あまり 3　④ 42
⑤ 32　⑥ 16

3 ① 0.8　② 0.6
③ 1.4　④ 2.25

4 ① 2　② 5
③ 4 あまり 10 (4.5)　④ 3 あまり 50
⑤ 6 あまり 20　⑥ 6 あまり 40

p.104　ステップ

1 ① 2.2　② 6　③ 1.7

2 ① 1 あまり 1.2　② 2 あまり 1.9
③ 1 あまり 13.5　④ 12 あまり 1.1
⑤ 23 あまり 2.6　⑥ 18 あまり 1.7

3 ① 1.5　② 1.5
③ 1.25　④ 0.75

4 ① 1.85… → 1.9
② 2.25… → 2.3
③ 1.88… → 1.9
④ 3.11… → 3.1

p.106　たしかめ

1 ① 6 ÷ 2
② ア　B、　イ　A

2 ① 8　② 8　③ 8
④ 8 あまり 3　⑤ 9 あまり 1
⑥ 5 あまり 5　⑦ 7 あまり 3
⑧ 6 あまり 4　⑨ 3 あまり 8

3 ① 96　② 8

4 ① 2 あまり 1.1　② 7 あまり 0.4

5 ① 1.25　② 2.25

6 ① 1.33… → 1.3
② 4.26… → 4.3

まとめ3(図形)

p.108　チェック

1 ① ㋑　② ㋒　③ ㋓
④ ㋔　⑤ ㋗　⑥ ㋕

2 ① 底辺×高さ÷ 2
② (上底＋下底)×高さ÷ 2
③ 対角線×対角線÷ 2
④ 半径×半径× 3.14

3 ① ㋒　② ㋕　③ ㋓
④ ㋗　⑤ ㋑　⑥ ㋔
⑦ ㋐　⑧ ㋐　⑨ ㋖
⑩ ㋑

4 ① 面㋒
② 面㋑、面㋔、面㋓、面㋕
③ 辺 EF、辺 HG、辺 DC
④ 辺 AE、辺 AD、辺 BF、辺 BC

p.110　ホップ

1

① 平行四辺形	(上底＋下底)×高さ÷ 2
② 三角形	底辺×高さ
③ 台形	底辺×高さ÷ 2
④ ひし形	底面積×高さ
⑤ 円	対角線×対角線÷ 2
⑥ 角柱・円柱	半径×半径×円周率

2 ① $(4+6)\times 3 \div 2 = 15$　15cm^2
② $6 \times 4 \div 2 = 12$　12cm^2
③ $4 \times 2 \div 2 = 4$　$4 \times 10 = 40$
40cm^3
④ $10 \times 10 \times 3.14 = 314$
$314 \times 5 = 1570$　1570cm^3

3 ① $4 \times 4 + 2 \times 2 = 20$　20 個
② $4 \times 6 - 2 \times 2 = 20$　20 個

4 ① $5 \times 5 + 2 \times 2 = 29$　29cm^2
② $5 \times 7 - 3 \times 2 = 29$　29cm^2

5 ① $8 \times 3 \times 3 + 8 \times 2 \times 2 = 104$
104cm^3
② $8 \times 5 \times 3 - 8 \times 2 \times 1 = 104$
104cm^3

p.112　ステップ

1

		台形	平行四辺形	ひし形	長方形	正方形
1	4 つの辺の長さがすべて等しい			○		○
2	4 つの角がすべて直角である				○	○
3	向かい合った 2 組の辺が平行である		○	○	○	○
4	2 本の対角線が垂直である			○		○
5	2 本の対角線の長さが等しい				○	○
6	2 本の対角線がそれぞれ真ん中の点で交わる		○	○	○	○

2 ① 3個
② 540°
③ 720°

3 ① 面㋎
② 面㋐、面㋔、面㋒、面㋕
③ 辺CG、辺DH、辺AE
④ 辺BA、辺BC、辺FE、辺FG
⑤ 辺AE、辺EH、辺HD、辺DA

4 ① 立方体
② 面㋐、面㋔、面㋒、面㋕
③ 面㋎

p.114 たしかめ

1 ① ㋐ ② ㋒ ③ ㋓
④ ㋔ ⑤ ㋗ ⑥ ㋖

2 ① $8 \times 6 \div 2 = 24$ 　$24cm^2$
② $(4 + 8) \times 6 \div 2 = 36$ 　$36cm^2$
③ $12 \times 6 \div 2 = 36$ 　$36cm^2$
④ $3 \times 3 \times 3.14 = 28.26$ 　$28.26cm^2$

3 ① ㋒ ② 台形 ③ ㋓
④ 平行四辺形 ⑤ ㋑
⑥ 長方形 ⑦ ㋐ ⑧ ㋐
⑨ ひし形 ⑩ ㋑

4 ① 面㋔
② 面㋐、面㋑、面㋒、面㋎
③ 辺BF、辺CG、辺DH
④ 辺AD、辺AB、辺EH、辺EF

発展問題

p.116 対称な図形

1

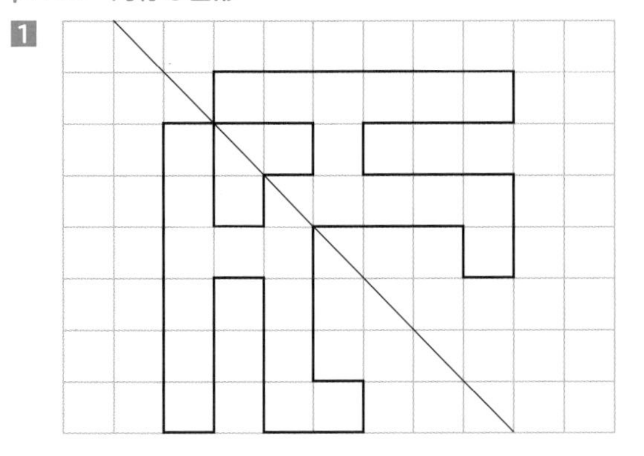

2

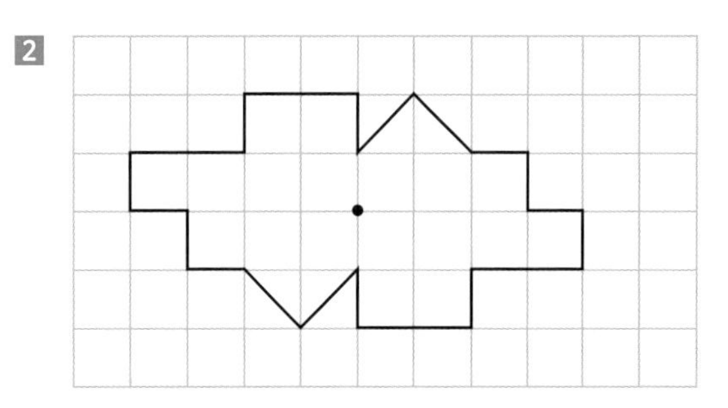

p.117 文字と式

1 ① 3 ② 20 ③ 5 ④ 28
⑤ 5 ⑥ 5

2 ① ㋑
② xを求めると12.5となり、整数ではない

p.118 比

1 $1200 \times \frac{3}{5} = 720$ 　$1200 - 720 = 480$
わたし720円、妹480円

2 $7 : 3 = \square : 15$ 　$\square = 35$
$4 : 3 = \square : 15$ 　$\square = 20$
$35 + 20 = 55$ 　55枚

3 兄：わたし＝5：4 　わたし：弟＝3：2
兄：わたし：弟＝15：12：8
$7000 \times \frac{15}{35} = 3000$ 　$7000 \times \frac{12}{35} = 2400$
$7000 \times \frac{8}{35} = 1600$
兄3000円、わたし2400円、弟1600円

p.119 拡大図と縮図

1

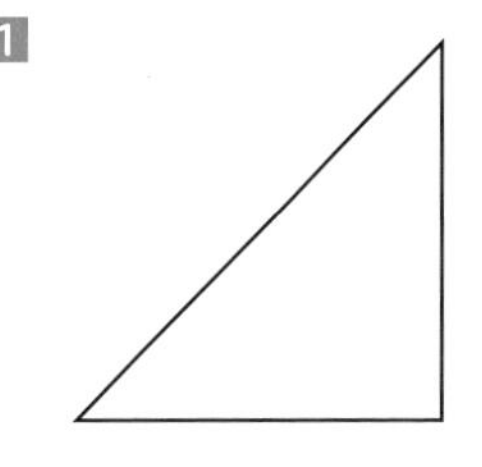

$5 \times 10000 = 50000cm = 500\ m$
$500 + 135 = 635$ 　635 m

2 ① 500 m ② 4cm
③ 10万分の1 $\left(\frac{1}{100000}\right)$

p.120 円の面積

★ ① $10 \times 10 \times 3.14 \div 4 - 10 \times 10 \div 2$
$= 78.5 - 50 = 28.5$ 　$28.5cm^2$
② 半径×半径×3.14÷4

＝対角線×対角線× 3.14 ÷ 4
＝ 8 × 3.14 ÷ 4 ＝ 6.28　　6.28cm^2

③　12 × 8 ＝ 96　　96cm^2

④　半径×半径× 3.14
＝直径×直径× 3.14 ÷ 4
＝ 40 × 3.14 ÷ 4 ＝ 31.4　　31.4cm^2

p.121　角柱・円柱の体積

1　5 × 5 × 3.14 ＝ 78.5
78.5 × 10 ÷ 2 ＝ 392.5　　392.5cm^3

2　5 × 10 ＝ 50　　50 × 3 ＝ 150
50 ×(7 － 3)÷ 2 ＝ 100
150 ＋ 100 ＝ 250　　250cm^3

p.122　比例・反比例

1　15 : 75 ＝ 100 : □
□＝ 500　　500cm^2

2　15 : 270 ＝ 10 : □
□＝ 180　　180 本

3　24 ÷ 300 ＝ 0.08　　0.08mm

p.123　比例・反比例

1　60 × 2 ＝ 120　　120 ÷ 80 ＝ 1.5
1.5 時間

2　3 × 10 ＝ 30　　30 ÷ 5 ＝ 6　　6 日間

3　6 × 8 × 10 ＝ 480

①　10 × 8 ＝ 80　　480 ÷ 80 ＝ 6
6 日間

②　12 × 8 ＝ 96　　480 ÷ 96 ＝ 5
5 時間

p.124　並べ方と組み合わせ方

1　各グループ 6 試合あり 4 グループなので
6 × 4 ＝ 24 試合、決勝トーナメントが 7 試合、
3 位決定戦が 1 試合なので
24 ＋ 7 ＋ 1 ＝ 32　　32 試合

2

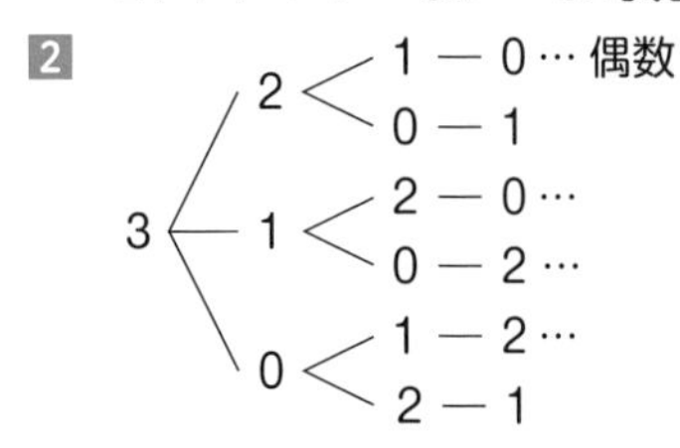

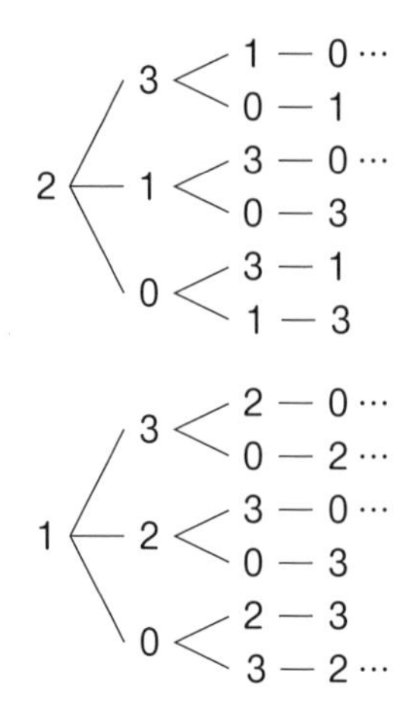

①　18 通り

②　10 通り

p.125　並べ方と組み合わせ方

☆　①　5 通り

②　(り，み)、(り，い)、(り，な)
(り，も)、(み，い)、(み，な)
(み，も)、(い，な)、(い，も)
(な，も)　　10 通り

③　5 種類から 3 種類選ぶのは、5 種類から 2 種類選ばないのと同じ
10 通り

④　5 通り

p.126　資料の調べ方

☆　①　20 人

②　9 秒以上～ 10 秒未満

③　9 秒以上～ 10 秒未満

④　6 番目から 11 番目

学力の基礎をきたえどの子も伸ばす研究会

HPアドレス　http://gakuryoku.info/
常任委員長　岸本ひとみ
事務局　〒675-0032 加古川市加古川町備後 178-1-2-102 岸本ひとみ方　☎-Fax 0794-26-5133

① めざすもの

私たちは、すべての子どもたちが、日本国憲法と子どもの権利条約の精神に基づき、確かな学力の形成を通して豊かな人格の発達が保障され、民主平和の日本の主権者として成長することを願っています。しかし、発達の基礎ともいうべき学力の基礎を鍛えられないまま落ちこぼれている子どもたちが普遍化し、「荒れ」の情況があちこちで出てきています。

私たちは、「見える学力、見えない学力」を共に養うこと、すなわち、基礎の学習をやり遂げさせることと、読書やいろいろな体験を積むことを通して、子どもたちが「自信と誇りとやる気」を持てるようになると考えています。

私たちは、人格の発達が歪められている情況の中で、それを克服し、子どもたちが豊かに成長するような実践に挑戦します。

そのために、つぎのような研究と活動を進めていきます。

① 「読み・書き・計算」を基軸とした学力の基礎をきたえる実践の創造と普及。
② 豊かで確かな学力づくりと子どもを励ます指導と評価の研究。
③ 特別な力量や経験がなくても、その気になれば「いつでも・どこでも・だれでも」ができる実践の普及。
④ 子どもの発達を軸とした父母・国民・他の民間教育団体との協力、共同。

私たちの実践が、大多数の教職員や父母・国民の方々に支持され、大きな教育運動になるような地道な努力を継続していきます。

② 会　　員

・本会の「めざすもの」を認め、会費を納入する人は、会員になることができる。
・会費は、年4000円とし、7月末までに納入すること。①または②

①郵便番号　口座振込　00920-9-319769
名　　称　学力の基礎をきたえどの子も伸ばす研究会

②ゆうちょ銀行
店番099　店名〇九九店（ゼロキュウキュウ）　当座0319769

・特典　研究会をする場合、講師派遣の補助を受けることができる。
大会参加費の割引を受けることができる。
学力研ニュース、研究会などの案内を無料で送付してもらうことができる。
自分の実践を学力研ニュースなどに発表することができる。
研究の部会を作り、会場費などの補助を受けることができる。
地域サークルを作り、会場費の補助を受けることができる。

③ 活　　動

全国家庭塾連絡会と協力して以下の活動を行う。

・全国大会　全国の研究、実践の交流、深化をはかる場とし、年1回開催する。通常、夏に行う。
・地域別集会　地域の研究、実践の交流、深化をはかる場とし、年1回開催する。
・合宿研究会　研究、実践をさらに深化するために行う。
・地域サークル　日常の研究、実践の交流、深化の場であり、本会の基本活動である。可能な限り月1回の月例会を行う。
・全国キャラバン　地域の要請に基づいて講師派遣をする。

全国家庭塾連絡会

① めざすもの

私たちは、日本国憲法と教育基本法の精神に基づき、すべての子どもたちが確かな学力と豊かな人格を身につけて、わが国の主権者として成長することを願っています。しかし、わが子も含めて、能力があるにもかかわらず、必要な学力が身につかないままになっている子どもたちがたくさんいることに心を痛めています。

私たちは学力研が追究している教育活動に学びながら、「全国家庭塾連絡会」を結成しました。

この会は、わが子に家庭学習の習慣化を促すことを主な活動内容とする家庭塾運動の交流と普及を目的としています。

私たちの試みが、多くの父母や教職員、市民の方々に支持され、地域に根ざした大きな運動になるよう学力研と連携しながら努力を継続していきます。

② 会　　員

本会の「めざすもの」を認め、会費を納入する人は会員になれる。
会費は年額1500円とし（団体加入は年額3000円）、8月末までに納入する。
会員は会報や連絡交流会の案内、学力研集会の情報などをもらえる。

事務局　〒564-0041 大阪府吹田市泉町4-29-13 影浦邦子方　☎-Fax 06-6380-0420
郵便振替　口座番号　00900-1-109969　　名称　全国家庭塾連絡会

ぎゃくてん！ 算数ドリル　小学6年生

2022年４月20日　発行

●著者／金井 敬之

●発行者／面屋 尚志

●発行所／フォーラム・A

〒530-0056 大阪市北区兎我野町15-13-305

TEL／06-6365-5606　FAX／06-6365-5607

振替／00970-3-127184

●印刷・製本／株式会社 光邦

●デザイン／有限会社ウエナカデザイン事務所

●制作担当編集／蒔田 司郎

●企画／清風堂書店

●HP／http://foruma.co.jp/